Chat GPT

罗中赫 肖利华 张青山 ◎ 著

开启智能交互新时代

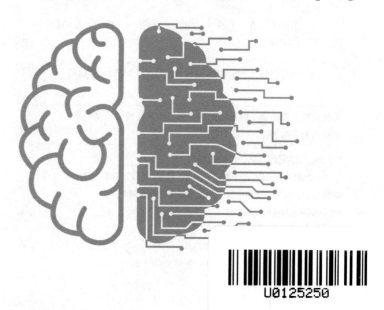

U0125250

中国纺织出版社有限公司

内 容 提 要

本书主要介绍了什么是火爆出圈的 ChatGPT、ChatGPT 的实用价值与局限性、ChatGPT 给我们的生活乃至人类发展带来的变化、ChatGPT 在各行各业的商业落地、个人该如何应对 ChatGPT 的机遇和挑战以及对 ChatGPT 未来的思考与猜想。

本书以通俗易懂的语言和生动有趣的示例揭示 ChatGPT 不为人知的奥秘，既有科学的严谨性，又不乏趣味性，有助于读者开阔视野，激发其进一步探索科学的兴趣。阅读本书，读者将会更加真切地体会到 ChatGPT 应用的巨大优势，以及其能够改变世界的巨大潜能。本书适合对 ChatGPT 感兴趣的读者学习、使用。

图书在版编目（CIP）数据

ChatGPT：开启智能交互新时代 / 罗中赫，肖利华，张青山著. -- 北京：中国纺织出版社有限公司，2024.1

ISBN 978-7-5229-1081-9

Ⅰ.①C…　Ⅱ.①罗…②肖…③张…　Ⅲ.①人工智能　Ⅳ.①TP18

中国国家版本馆CIP数据核字（2023）第191834号

责任编辑：曹炳镝　段子君　李立静　　责任校对：高　涵
责任印制：储志伟

中国纺织出版社有限公司出版发行
地址：北京市朝阳区百子湾东里 A407 号楼　邮政编码：100124
销售电话：010—67004422　传真：010—87155801
http://www.c-textilep.com
中国纺织出版社天猫旗舰店
官方微博 http://weibo.com/2119887771
三河市延风印装有限公司印刷　各地新华书店经销
2024 年 1 月第 1 版第 1 次印刷
开本：710×1000　1/16　印张：13
字数：142 千字　定价：58.00 元

2023 年开年之际，风头无两的 ChatGPT 凭借自己优秀的聊天才华让科技圈、各领域，乃至普罗大众为之兴奋不已。比尔·盖茨称："ChatGPT 的历史意义不亚于互联网和 PC 的诞生！"

ChatGPT 竟有如此"威力"？ ChatGPT 究竟是何方"神圣"？

ChatGPT 其实是 2022 年 11 月由 OpenAI 公司研发的人工智能聊天机器人，能实现真实、自然的人机对话。ChatGPT 被"喂养"了大量的文字、图片信息，具有强大的文本生成能力，能够写文章、写小说、写文案、写代码、生成歌词、生成诗歌。除此之外，它还能检索信息、查资料、做翻译、做文章总结、发邮件等。ChatGPT 还上知天文、下知地理，精于数据计算和分析。这些都是 ChatGPT 具备的实实在在的能力。

想象一下，我们在想要创作任何内容时，ChatGPT 就像一位超级大神一样坐在我们身边，它能看明白我们模糊不清的提问，还能捕捉到我们的症结所在，然后快速、精准地写出我们想要的任何内容。只有我们不会写的内容，没有它驾驭不了的内容。而且它任劳任怨，可随便使唤。这样的 ChatGPT 又有多少人会不爱呢？

ChatGPT 的出现让人工智能再一次颠覆了人们的想象，被人们认为是人工智能发展的分水岭。ChatGPT 上线仅 5 天，注册用户数量就超过了100 万；两个月后，ChatGPT 的月活跃用户超过 1 亿人，打破了应用程序领域用户增长速度的最高纪录。从性能上看，ChatGPT 已经不再是一个现象级产品，而是一种颠覆性技术，能够对诸多领域起到巨大的变革作用，开启了一个全新的智能交互时代。

这正是 ChatGPT 能够迅速走红、风靡全世界的原因。因此，在 ChatGPT 出现之后，谷歌、微软等纷纷投注 ChatGPT，希望在 ChatGPT 领域率先攻城略地；从各领域大中小企业到普通百姓，都开始尝试使用 ChatGPT 来提升工作效率，快速获取更多的收益。

科技的发展是永无止尽的，ChatGPT 也必定不会是最后一个基于自然语言处理技术的智能交互工具。可以预见，ChatGPT 在未来一段时间依然是科技领域的热点，也会有更先进的版本出现，在更多的应用场景中加速落地。

当然，任何时候出现任何一种新技术，都不能做到十全十美，都存在两面性。对于 ChatGPT 当前的火热态势，我们也应该冷静思考，用发展的眼光谨慎使用 ChatGPT。只有这样，才能让 ChatGPT 真正服务人类，更好地推动人类向前发展。

本书共分为六章，第一章主要是认识火爆出圈的 ChatGPT；第二章深层剖析 ChatGPT 的实用价值与局限性；第三章深度思考 ChatGPT 给我们的生活乃至人类发展带来的变化；第四章阐述 ChatGPT 在各行各业的商业落地；第五章介绍个人该如何应对 ChatGPT 的机遇和挑战；第六章是关于 ChatGPT 未来的思考与猜想。

本书以通俗易懂的语言和生动有趣的示例为读者揭示 ChatGPT 不为人知的奥秘，既有科学的严谨性，又不乏趣味性，将 ChatGPT 之美展现得淋漓尽致，有助于读者开阔视野，激发其进一步探索科学的兴趣。阅读本书，读者将会更加真切地体会到 ChatGPT 应用的巨大优势，以及其能够疯狂改变世界的巨大潜能。

罗中赫

2023 年 8 月

引子
你无法想象ChatGPT的发展有多狂热

进入 2023 年，一股 ChatGPT 的热潮来袭。有的人在亲身体验过 ChatGPT 之后，情不自禁地感慨："这款高科技产品真的是太'人类'了"。这里暂且抛开 ChatGPT 是什么不说，我们先来感受一下 ChatGPT 的发展到底有多狂热。

从PGC、UGC到AIGC

内容生成的方式包含三个阶段：PGC（专业生成内容）、UGC（用户生成内容）、AIGC（人工智能生成内容）。

专业生成内容（Professional Generated Content，PGC），指由高端且专业性强的媒体生成的内容。其主要特点是内容专业化、视角多元化、传播民主化等。

用户生成内容（User Generated Content，UGC），即用户自己生成原创内容展示给其他用户。我们常见的短视频分享、博客分享就属于UGC。

人工智能生成内容（AI Generated Content，AIGC）。AIGC被认为是继PGC、UGC之后新出现的内容生成方式。AI绘画、AI写作都属于AIGC的范畴。

2022年，AIGC的发展速度惊人。回顾其近些年的迭代速度，更是让人叹为观止。

1. 第一阶段：萌芽阶段（1950～1990年）

在很早的时候，人们就已经有了利用人工智能生成内容的想法。早在1950年，艾伦·图灵（Alan Turing）在《计算机与智能》一文中就提出了判定机器是否具有"智能"的实验方法，并将这一方法命名为"图灵测试"。通过这一方法，可以很好地判定机器是否能模仿人类的思维方式并生成内容继而与人交互。

1957 年，第一支由计算机程序中的控制变量转换成音符而打造的音乐作品——弦乐四重奏《依利亚克组曲（Illiac Suite）》诞生了。

1966 年，全球第一款可以进行人机对话的机器人"伊莉莎（Eliza）"面市。该机器人最大的特点就是可以在关键字扫描和重组的基础上进行人机交互。

遗憾的是，在 20 世纪末，由于研发成本高昂，再加上商业落地模式难以实施，AIGC 的发展被暂时搁置。

2. 第二阶段：沉淀阶段（1991 ～ 2010 年）

在经历了一段时间的沉淀之后，AIGC 的实用性得以增强，其商业化探索也全面展开。

深度学习算法的重大突破，图形处理器（GPU）、张量处理器（TPU）等算力设备性能的不断提升，以及由互联网引发的数据规模的快速膨胀，为 AIGC 的进一步发展提供了很好的契机。

2007 年，纽约大学研发的人工智能系统根据对公路旅行中的所见所闻和自我感知，撰写出了世界上第一部完全由人工智能操刀创作的小说《1 The Road》。这可以说是 AIGC 在内容生产领域的里程碑。但不得不承认，其创作仍然存在缺点，即可读性不强、拼写错误、辞藻空洞、缺乏逻辑等。

3. 第三阶段：发展阶段（2011 ～ 2021 年）

2014 年，深度算法的迭代更新促进了 AIGC 的进一步发展，使其进入了生成内容多样化的时代，而且其产出的内容效果逼真到分辨不出是人类创作还是 AIGC 的手笔。

2017 年，微软打造的人工智能机器人"小冰"出版了世界首部完全由人工智能创作的诗集《阳光失了玻璃窗》。

2018 年，英伟达打造了可以自动生成图片的 StyleGAN 模型。该模型在 2022 年末就迭代升级到了第四代 StyleGAN-XL，其最大的优势就是可以生成人类用肉眼难以分辨真假的高分辨率图片。

2021 年，美国成立的一家名为 OpenAI 的人工智能研究公司推出了图像生成系统（DALL-E），并在 2022 年就将其升级为二代系统 DALL-E 2。这一产品可以根据用户输入的关键性描述词，生成文本与图像（包括卡通、写实、抽象绘画）的交互内容。

4. 第四阶段：爆发阶段（2022 年至今）

2022 年以来，基于 AIGC 创作的内容密集发布，ChatGPT 火爆出圈。ChatGPT 是由 OpenAI 推出的一款人工智能聊天机器人。在 ChatGPT 的助力下，AIGC 走向成熟，AIGC 的内容产出能力得到迅速提升，在内容生成领域大放异彩：AIGC 在乐曲合成、讲话合成、歌词制作、编程翻译、视频音频、3D 模型等领域得到了广泛应用，并且具备很强的交互性、实时性，使内容生成变得更加高效、便捷、富有个性，有效突破了内容和创作量的上限。

如果说内容创作是某个专业领域的专用人工智能，AIGC 则更像是通用人工智能。专用人工智能的建模相对简单，可接受的任务单一，应用边界清晰。而通用人工智能就像人类的大脑一样，能通过视觉、听觉进行学习。可以说，如今的 AIGC 是内容生产领域的一支重要力量。

从最初的 PGC 到之后的 UGC，再到如今让人拍案叫绝的 AIGC，ChatGPT 的出现，不但将内容产业发展推上了一个新高度，而且对社会演进具有深远意义的影响。

ChatGPT开启人工智能新纪元

人工智能经历了跌宕起伏的发展阶段。从关节手臂机器人发展到如今的智能机器人，从最初的概念阶段逐渐演化到实际应用阶段，人工智能从最初的科幻小说中走出来，将原本给人无限遐想的虚拟场景转变为活生生的现实。

但是，在 ChatGPT 出现以后，人工智能的发展得到了质的飞跃。可以说，ChatGPT 开启了人工智能新纪元，其主要体现在以下两方面。

1. 实现更加智能化的对话和交流

人工智能与传统机器相比，其奇妙之处就在于，它能够像人一样，在理解的基础上，更加智能地完成任务。然而如何让人工智能真正拥有理解能力，像人一样去思考，是传统人工智能所面临的难题。

我们知道，计算机使用的是一种机器语言，其核心是结构化数据；人类使用的是自然语言，其核心是非结构化数据。如果想让计算机能够模仿人类的智能，那么就需要用计算机的内部数据结构来表示自然语言，同时还需要两者之间有一个良好的转换机制。自然语言和机器语言之间的转换就是彼此理解与生成的关系，自然语言处理的任务就是实现这种理解和生成。

早期的人工智能发展实际上被限制在了自然语言处理上。如果在语言智能方面实现突破，与其同属认知智能的认知和推理就会得到长足的发展，进而推动整个人工智能体系的进步。

ChatGPT的出现，让人工智能的这一难题迎刃而解。

ChatGPT作为一种基于人工智能技术的自然语言处理模型，它可以通过学习大量的文本数据生成自然语言文本。它的出现标志着人工智能技术在自然语言处理领域的重大突破，因为它可以像人类一样理解和生成自然语言，从而实现更加智能化的对话和交流。

另外，ChatGPT在深度学习技术和大规模数据集训练模型的作用下，可以生成高质量的自然语言文本，并且可以不断地进行迭代和优化。这种技术的出现使人们可以更加方便地与计算机进行交互和沟通。将ChatGPT融入人工智能技术中，可以推动人工智能技术向着更加智能化的方向发展。

2. 为人工智能技术提供了新发展思路

ChatGPT除了可以实现更加自然流畅的人机对话和交流，还可以应用于文本生成、机器翻译、知识图谱等其他领域，提高用户体验和服务质量。这将为智能客服、虚拟助手、智能翻译等领域带来福音，为相关领域的发展提供更加智能化的解决方案。我们可以预见，在未来的人工智能发展中，ChatGPT将会扮演重要的角色，推动人工智能技术不断进步和创新。可以说，ChatGPT为人工智能技术在其他领域的发展提供了新思路和新方法。

由此可见，ChatGPT开启了人工智能新纪元，为未来智能化社会的发展奠定了基础，将推动人工智能商用的大规模普及。

百科全书版聊天机器人已诞生

2022 年，一个让人为之兴奋的聊天机器人诞生了，它就是 ChatGPT，一款百科全书版聊天机器人。

从外表看，它就是一个简单的"对话框"。其实，它本质上是一个可以直接在网页上使用的程序。其操作很简单，你对它提出问题，它就给你答案。或许有人觉得它平平无奇，也没什么惊艳之处。但是，如果你知道它强大的回答问题的能力，并发现它还有很强的归纳总结能力时，就会感觉自己的内心受到了一万点暴击，甚至会觉得它是一个无所不知的"大神"。

那么它有哪些表现呢？为什么能被誉为百科全书版聊天机器人呢？

1. 算数问题

我先对 ChatGPT 提问一个有关数学算数的问题，具体操作如下。

我的输入：树上 1000 只企鹅，抓下来 1 只，还剩多少只？

ChatGPT：999 只企鹅。

虽然这个提问在逻辑上不成立，但就算数问题而言，ChatGPT 给出了正确答案。

2. 天文问题

为了更好地验证 ChatGPT 的知识储备量，我向它提出了有关天文方面的问题，具体操作如下。

我的输入：太阳系有什么特点？

ChatGPT：太阳系是指以太阳为中心，由行星、卫星、小行星、彗星等天体和大量星际物质组成的一个天体系统。以下是太阳系的一些特点：

①太阳系的中心是太阳，它占了太阳系总质量的99.86%。

②太阳系包括8个行星，按照距离太阳的远近依次为：水星、金星、地球、火星、木星、土星、天王星和海王星。

③太阳系还有数百颗卫星，其中最著名的是地球唯一的一颗卫星，即月亮。

④太阳系还有数以亿计的小行星和彗星，它们绕着太阳运行，并且可能是太阳系形成时没有聚集成行星的残留物。

⑤太阳系通常被划分为内行星区和外行星区。内行星区包括水星、金星、地球和火星，它们都比较接近太阳；外行星区包括木星、土星、天王星和海王星，它们离太阳较远。

⑥太阳系中除了太阳，还存在大量的恒星和行星系统。在整个银河系中，太阳系只是一个微小的角落。

可见，ChatGPT 对于地理知识方面的问题也能够对答如流。

3. 科学问题

科学方面的问题，ChatGPT 是否也能给出答案呢？具体操作如下。

我的输入：球形闪电是怎么形成的？

ChatGPT：球形闪电是指在大气中出现的一种球形或球状的闪电现象。一般认为它是电场效应导致大气中的气体分子被电离和激发而形成的。具体来说，球形闪电的形成可以分为以下五个步骤：

①云层内部存在电场，使云内部的空气分子发生电离。

②云层内发生强烈的雷暴活动，产生极强的电场效应。

③在电场的作用下，空气分子被激发并发生化学反应，产生自由基和离子。

④这些自由基和离子再次与周围的空气分子碰撞，继续产生新的自由基和离子。

⑤自由基和离子在相互作用下会组成类似于等离子体的物质，在空气中形成了一个球形或球状的电流回路，即球形闪电。

需要注意的是，球形闪电只在极少数的情况下出现，因此，对于这种现象的研究还需要进一步深入。

经检验，ChatGPT 对于科学方面的问题也能快速给出答案。

4. 历史问题

我还对 ChatGPT 提问了有关历史方面的问题，具体操作如下。

我的输入：简单说一下商鞅变法的内容包括哪些？

ChatGPT：商鞅变法是指战国时期秦国秦孝公支持商鞅进行的一次较为彻底的变法改革运动，其具体内容主要包含以下几点。

①废井田，开阡陌，奖励耕织，承认土地私人占有的合法性，允许土地自由买卖。

②统一度量衡制度，并颁布了度量衡的标准器。

③废除世卿世禄制，奖励军功，实行二十等爵制。

④重视户籍管理，编订户口，实行什伍制。

需要注意的是，商鞅变法并非一次性完成，而是分为两次变革，第一次开始于公元前356年，第二次开始于公元前350年，持续18年。尽管商鞅变法带来了显著的效果，但世人对此次变法的看法不一，存在争议。

5. 国学问题

对于国学方面的问题，我也进行了相关提问，具体操作如下。

我的输入："但愿人长久，千里共婵娟"中的"婵娟"是指什么？

ChatGPT："但愿人长久，千里共婵娟"是北宋诗人苏轼所作的《水调歌头·明月几时有》中的一句诗句。其中的"婵娟"指的是月亮。

在《水调歌头·明月几时有》中，"但愿人长久，千里共婵娟"这句诗句表达了诗人苏轼对弟弟苏辙的思念之情，但其并不仅限于此。可以说，这句诗是诗人苏轼在中秋之夜，对一切经受离别之苦的人的美好祝愿。

总之，ChatGPT 能够对各种问题对答如流，与其他我们日常生活中用到的语音助手相比，聪明了很多。ChatGPT 还能利用人类给出的反馈不断强化学习，让自己的理解能力越来越高。这就是 ChatGPT，一个令人兴奋的百科全书版智能聊天机器人，它的能力让人在真正体验之后大吃一惊。

第一章
基础认知：火爆出圈的ChatGPT 究竟是什么

最近，"ChatGPT"一词在全网火爆。你可能没用过，但你一定不会没听过。亲自使用过它的人、目睹过它强大能力的人，认为它是"全能大脑"，也有的人认为它的大规模使用会让很多人失去工作。前文中我们对它的发展也有了些许了解。那么，"ChatGPT"究竟是何方神圣呢？

ChatGPT是什么

对于"ChatGPT"这个词，我们或许并不陌生，但它具体是什么，我们可能并不清楚。那么 ChatGPT 究竟是什么？ ChatGPT 为什么如此火爆？本章将带你全面认识 ChatGPT 的真实面容。

在真正了解 ChatGPT 之前，我们先看一下它的字面意思。"ChatGPT"中的"Chat"表示聊天，"GPT"分别表示"Generative""Pre-trained"和"Transformer"，意思是"生成性预先训练转换器"，也可以理解为"会说话的人工智能"。

下面将全面、深入地探讨 ChatGPT 的真实面目。

1. 大型语言模型

ChatGPT 是由美国 OpenAI 公司开发的一种大型语言模型（Large Language Model，LLM）。ChatGPT 是基于深度学习和自然语言处理技术构建的，被开发人员借助大量文本数据，包括新闻、社交媒体、百科全书等各种语料库数据训练后，学习到了这些数据模式和规律。

在语言理解方面，ChatGPT 可以理解语言的含义和语法结构，通过对自然语言文本的分词、标注、句法分析和语义分析，获得对自然语言更加深入的理解和生成人类语言的能力。ChatGPT 可以在模拟人类思维方式和对话模式的基础上，用自然语言回答人类提出的问题，和人类进行交流。

ChatGPT 是采用 LLM 模型构建的智能聊天机器人，也是一种人工智能技术驱动的自然语言处理工具。它不需要休息，可以随时随地回答用户的问题。它可以帮助人们执行各种任务，如回答问题、提供建议、解决问题等。这个模型已经在各领域得到了广泛应用，如聊天机器人、虚拟助手、智能客服、自动化写作等，足见 ChatGPT 语言功能的强大。

2. 万能内容生成器

ChatGPT 作为一款人工智能聊天机器人，不仅能够陪人类聊天，还能生成各种各样的内容，可以说是一个名副其实的"万能内容生成器"。

ChatGPT 具有两个特征。

第一，智能生成。ChatGPT 在对海量数据进行分析、组合之后，可生成内容。

第二，自主学习。ChatGPT 在生成中不断进化，从而获得"心智"，之后再生成更加符合人类心理需求的内容。

ChatGPT 可以生成你想要的任何内容，如文章、方案、文案、工作计划、工作报告、代码、音乐、直播脚本、视频创作、文字翻译等。只要给出关键词，ChatGPT 就能根据关键词自动抓取数据，进而创作出你想要的内容。关键词越精准，ChatGPT 生成的内容越详细。

ChatGPT 除了具有内容生成能力，还可以进行文本分类、文本概括、文本分析等。这些都是通过对文本进行理解和分析之后才能获得的能力。

总之，从内容生产方面来讲，ChatGPT 存在的最大意义就是生成内容。ChatGPT 作为万能内容生成器，将在内容生产领域掀起一股巨大的浪潮，带来一次巨大的历史性变革。

3. 脑洞大开的联想与推理

或许在很多人看来，ChatGPT 就是一个可以聊天和写作的机器，但 ChatGPT 的能力不仅限于此。ChatGPT 不仅可以实现智能化聊天、生成多种类型的内容，还具备联想和推理能力。

在推理方面，ChatGPT 可以在已知内容的基础上，联系上下文信息进行推理，回答一些复杂的问题、处理一些推理任务、理解文章的含义等。

（1）回答问题的推理性测试

我对 ChatGPT 提问一个推理性问题，以此测试 ChatGPT 的推理能力，具体操作如下。

我的输入：你觉得姚明在世界杯比赛中能赢吗？

ChatGPT：作为一个语言模型，我没有能力预测姚明或任何人在实际比赛中的胜负。然而，姚明是一位非常出色的篮球运动员，他曾效力于休斯敦火箭队等知名团队，并在职业生涯中获得过许多荣誉和奖项。姚明的身高和技巧使他在场上具有很强的统治力，尤其是在内线位置。他在世界杯比赛中的表现可能会受到一些因素影响，包括个人状态、团队配合、对手实力等，这些因素都会影响比赛结果。

显然，ChatGPT 的回答很中肯，而且在它的回答中透露出一定的推理能力。ChatGPT 知道自己是一个语言模型，也知道姚明的能力和特点，对可能的结果进行了推理。

这种问题并不是"1 比 2 谁更大"的简单比较，而是基于现实和理解、推理进行的判断。ChatGPT 给出的答案并没有完全否认"姚明可以赢"的可能性。

（2）推理小说创作测试

为了给 ChatGPT 增加难度，我特意让它模仿柯南写一部 800 字以内的侦探小说，具体操作如下。

我的输入：请模仿柯南写一部 800 字以内的侦探小说。

ChatGPT：柯南是一位非常出色的侦探，他经常在各种案件中发挥着重要的作用。以下是我模仿柯南写的一篇 800 字以内的侦探小说：

"嗨，小哥哥，你看起来很无聊啊。"一个身穿黑色连衣裙的女孩走到了我面前，她的眼神中透露着一股神秘感。

"我不无聊，只是在思考一些问题。"我回答道。

"什么问题？"女孩好奇地问道。

"这个城市最近发生了一起谋杀案，我正在调查。"我解释道。

"哦，听起来很有趣。你需要帮助吗？"女孩问道。

"当然需要。"我说道，"你叫什么名字？"

"我叫莉莉安娜。"女孩回答道，"让我们开始吧。"

我们来到了案发现场，一个豪华公寓的客厅里，一位年轻男子倒在地上，身上满是血迹。我开始仔细观察现场，并询问了几个目击者。但是，没有任何人看到凶手离开现场的情况。

"这个案件非常棘手。"我对莉莉安娜说道，"我们需要更多的线索。"

"那么我们从受害者身上开始吧。"莉莉安娜建议道。

我们来到了医院，在医生的帮助下，找到了受害者的手机和钱包。通过检查手机通话记录和短信记录，我们发现受害者最后一次通话是和一个名叫马克斯的人打的，而且在受害者的短信记录中也有马克斯的信息。

"这个马克斯可能就是凶手。"我说道，"我们需要找到他。"

我们开始在城市里寻找马克斯，并通过一些线索找到了他所在的酒吧。当我们走进酒吧时，马克斯正坐在角落里喝酒。我们走过去和他交谈，并询问他是否认识受害者。

"当然认识。"马克斯回答道，"但是我没有杀死他。"

"那么案发时间，你在哪里？"我问道。

"我在家里。"马克斯回答道，"你可以去问问我的邻居。"

我们去了马克斯家附近询问其邻居，并得知马克斯确实在家里。但是，在调查过程中，我们发现了一个重要线索：马克斯曾经欠下受害者一笔巨款，并且因为无法偿还双方产生了矛盾。

最终，在我们进一步调查之后，马克斯承认自己杀死了受害者，并交代了所有罪行。这个案件得以圆满解决。

"你真厉害。"莉莉安娜对我说道，"下次再有案件，记得叫上我。"

"当然可以。"我微笑着回答道。

这就是我的侦探小说，希望您喜欢。

推理小说在创作的过程中本身就有难度，对于情节的严谨性要求很高，而且要充满离奇感、烧脑感。

ChatGPT 寥寥几笔就将整个小说的氛围渲染出来，而且文笔流畅，人物刻画传神，人物的语言表达也很符合他们各自的性格特征。虽然篇幅有限，推理细节比较简单，在一些线索上比较模糊，但整篇小说在情节的处理上充满了推理逻辑。

我们可以清楚地看到 ChatGPT 所具备的推理能力。ChatGPT 在回答一些推理问题时，并不是直接给出答案，而是通过详细的逻辑推理得出结果。ChatGPT 所学到的推理虽然只是介于表面逻辑，但其展示的推理步骤和框架是正确的。

4. 提供辅助性意见

我们在工作、生活、学习中经常会遇到一些问题，需要他人的帮助来解决。而 ChatGPT 的另外一个重要能力，就是为用户提供辅助性意见，其能够胜任一个助手的工作，帮助人类做出更优的决策。

ChatGPT 的超强辅助能力主要体现在：通过良好的沟通能力辅助客户服

务；更好地应对诸如个性化搜索任务、逻辑解析、内容写作及辅助编程等自然语言任务。另外，ChatGPT 还可以为项目管理人员更加高效地处理和组织大量信息，以提供决策支持和自然语言沟通等方面的帮助，比如通过自然语言处理技术分析项目报告和数据，给出一些建议或预测结果，帮助项目管理人员做出更加准确的决策。重要的是，ChatGPT 做出的各种辅助工作和提供的辅助性意见，大方向上基本是正确的。

因为 ChatGPT 为用户提供的所有建议都是以全球海量信息为基础的，这使 ChatGPT 绝不孤陋寡闻，所以能做出正确判断。另外，ChatGPT 在帮助用户提供辅助性决策建议时，会去粗取精、去伪存真，从而确保做出正确的辅助性决策。

正因如此，ChatGPT 的出现才有助于推动人类各项事业的发展和进步。

ChatGPT的前世今生

到目前为止，ChatGPT 可能是我们这个时代最重要的科学创举之一，可能是人类史上最重要的科学进化。无论我们喜不喜欢，ChatGPT 已经来临，甚至还会加速前进。

GPT 系列包括 GPT-1、GPT-2、GPT-3、ChatGPT，是由 OpenAI 公司提出的非常强大的预训练语言模型。这一系列的模型在非常复杂的自然语言处理任务中表现出十分惊艳的效果。

ChatGPT 的发展并不是一蹴而就的，而是一个不断演进的过程。在整个发展过程中，ChatGPT 历时 5 年，经历了多次技术积累才取得如今的成就。

1. GPT-1

在自然语言处理领域，GPT 模型一直备受关注，也因此成为科技领域的一大热点。

早在 2018 年 6 月，GPT 模型的第一版 GPT-1 问世。GPT-1 是先通过在标注数据 ● 上学习一个生成式语言模型，然后根据特定任务进行微调而构成的。

GPT-1 "掌握"了约 7000 本从未出版的书籍，其涵盖了冒险、奇幻、言情等类型。GPT-1 的研发者针对不同的语言场景，使用不同的特定数据集，对 GPT-1 进行进一步训练，其预训练数据量约为 5GB。最终获得的 GPT-1 模型具有以下能力。

（1）自然语言推理

GPT-1 模型可以判断两个句子之间的关系，如包含关系、矛盾关系等。

（2）常识推理

GPT-1 模型可以回答一些常识性推理问题。比如，在一个多选题中，输入一个问题和若干个候选答案，GPT-1 可以对其进行回答或者推理每个答案正确的概率。

（3）语义相似度

GPT-1 模型可以判断两个句子或段落是否在语义上相关联。

（4）文本分类

GPT-1 模型可以很好地判断用户输入文本属于哪个类别。

GPT-1 模型在以上四个语言场景中取得了很好的应用成效，比基础

● 标注数据：使用自动化工具从互联网上抓取、收集数据，包括文本、图片、语音等，然后对抓取的数据进行整理与标注。

Transformer 模型 ❶ 表现更优。这一年也因此被称为自然语言处理（Natural Language Processing，NLP）的预训练模型元年。

但此时的 GPT-1 只能算是一个不错的语言理解工具，与现在的对话式人工智能还有很大的差距。

2. GPT-2

2019 年 2 月，GPT-2 模型诞生。GPT-2 模型与 GPT-1 模型的原理相同。二者的主要区别在于 GPT-2 模型使用了 GPT-1 模型 10 倍的网络规模和 8 倍的预训练数据，预训练数据量达到了 40GB。同时，GPT-2 模型去除了特定任务微调的形式，从而获取快速学习（Prompt Learning）的能力。

GPT-2 模型在任务执行过程中，刷新了大型语言模型在多项语言场景的评分纪录。主要表现如下。

（1）具有较高语言水平

在语言模型任务中，GPT-2 模型通过零样本学习，其性能达到了最高水准。

（2）具有较高理解能力

在阅读理解数据中，GPT-2 模型超过了 4 个基准模型中的三个。

虽然 GPT-2 模型相较于 GPT-1 模型有了很大的提升，但随着模型容量和数据量的不断增大，更新的 GPT 版本必将出现，并优于 GPT-2。

3. GPT-3

2020 年 5 月，OpenAI 公司再次对自己发起挑战，于是 GPT 模型的第三个版本 GPT-3 诞生。

GPT-3 模型与 GPT-2 模型没有本质区别，只是在规模上大了两个数量级，预训练数据量达到了 45TB。

---

❶ Transformer 模型：一种神经网络，它通过跟踪序列数据中的关系来学习上下文并学习其含义。关于 Transformer 模型，后文中有详细介绍。

从性能上看，GPT-3 模型与前两个版本相比，其表现已经相当惊人。

（1）语言能力有较大提升

在大量的语言模型数据集中，GPT-3 模型表现出来的效果超过了绝大多数的零样本方法，比如闭卷问答、模式解析、机器翻译等。

（2）内容生成能力较强

在执行传统自然语言处理任务时，GPT-3 模型在一些领域的表现也非常不错，如做数学加法、文章生成、代码编写等。

GPT-3 模型本质上还是通过海量的参数学习海量的数据，也正是得益于庞大的数据集，其能够完成以往版本无法完成的任务。

GPT-3 模型出现后，各大媒体头版头条对其进行了诸多报道。人们对 GPT-3 模型的性能惊叹不已。由于当时未提供用户交互界面，能体验 GPT-3 模型的人为数不多。作为科技型企业，微软公司在 2020 年 9 月获得了 GPT-3 模型的独占许可。这也代表着微软公司获得了独家接触 GPT-3 模型源代码的权力。然而，微软公司的独占许可并不会影响普通付费用户使用 GPT-3 模型。

GPT-3 模型的出现，给人工智能领域注入了一剂强心剂。但 GPT-3 模型在表现优异之余，也存在一定的缺陷。

（1）缺少连贯性

对于一些有冲突的任务来说，GPT-3 模型还是无能为力，比如 GPT-3 模型在生成篇幅较长的文章时，难以保证其具有很好的连贯性。主要表现为在上下文中会出现部分重复内容的问题。

（2）偶尔存在偏见

GPT-3 模型接受训练的数据集是文本数据集，其反映的是人类世界观，其中也包含了人类的偏见。因此，GPT-3 模型可能在写文章的时候，表现出一些种族偏见，这样可能会给其生成的内容带来一定的声誉风险。

（3）对事实的理解不够

GPT-3 模型对于一些事物从事实角度辨别的能力有限。比如，GPT-3 模型可以写出一个有关"天马"的精彩故事，但对"天马"是什么并不知道。

（4）偶尔出现无用信息

GPT-3 模型不具备判断对错的能力，因此不知道自己输出的内容会存在无用信息。

正是 GPT-3 模型的这些缺陷，引发了 OpenAI 公司对 GPT 模型的进一步迭代更新。

4. ChatGPT

2022 年 11 月，在 GPT-3 模型之后，OpenAI 公司向全世界宣布，最新的大型语言预训练模型 ChatGPT 问世。打造 ChatGPT 模型是 OpenAI 公司历时 5 年来的一次伟大的创举。

ChatGPT 是 GPT 家族中的一员，可以将其称为 GPT-3.5 模型，是 OpenAI 公司对 GPT-3 模型进行微调后开发出来的人工智能聊天机器人。ChatGPT 模型是使用人类反馈强化学习（Reinforcement Learning from Human Feedback，RLHF）训练的。

俗话说："有心栽花花不开，无心插柳柳成荫。"有意思的是，ChatGPT 模型的成功研发其实是 OpenAI 公司"无心插柳"的产物。最早的时候，OpenAI 公司本来是想提升 GPT-3 模型的性能，使其生产出的内容能够更好地满足用户需求。因此就使用人类反馈强化学习，让人工智能系统经过反复训练来进一步完善模型，让其知道如何做得更好，以及自身有哪些地方需要改进。没想到的是，阴差阳错地创造出了 ChatGPT 模型。

ChatGPT 模型与 GPT-3 模型在性能上类似，可以完成写代码、修改代码、翻译文献、写文章、写文案、创作菜谱、评价作业等一系列常见的文字输出型任务。但 ChatGPT 模型有 GPT-3 模型无法企及的优势，具体表现如下。

（1）口语化更强

ChatGPT 模型在回答问题的时候，更像是在与你用口语化的方式对话，而 GPT-3 模型更擅长产出文章内容。

（2）更接近人类思考

ChatGPT 模型在执行用户搜索查询任务的时候，以更接近人类思考的方式，根据上下文和语境，为用户提供更加恰当的答案，还可以模拟各种人类情绪和语气，使回答的问题更接近人类思维。

（3）有更强的连贯性

ChatGPT 模型能参与海量对话，使对话保持连续性。而 GPT-3 模型缺乏连贯性。

（4）凸显专业性

ChatGPT 模型有较好的模仿能力，掌握了大量的常识，与 GPT-3 模型相比，表现出明显的博学特点。

金无足赤，人无完人。ChatGPT 模型较 GPT 前几个版本，在性能上已经有了很大的提升，但在实现人工智能的道路上，仍有较大的提升空间。

ChatGPT的技术基础

ChatGPT 是持续研发的科研产物，它凭借卓越的内容理解能力和内容生成能力，成为当前人机交互领域的佼佼者。但这一切辉煌的背后，是相关技术支撑的结果。

了解 ChatGPT 背后的技术，可以帮助我们更好地了解 ChatGPT。

1. 深度学习技术

深度学习技术是一种基于人工神经网络的机器学习技术。深度学习是学习样本数据的内在规律和表示层次，通过深度学习，能够使机器获得对文字、图像、音频等数据解释的能力。在深度学习的作用下，机器能够像人一样具备分析、学习能力。

深度学习技术的发展离不开计算机硬件的提升和数据的增长。随着计算机硬件的不断升级和数据的不断积累，深度学习在图像识别、自然语言处理、语音识别等领域获得突破性成果。比如，在图像识别的过程中，深度学习技术能够达到与人类水平相当的准确率；在自然语言处理领域，深度学习技术被广泛应用于文本分类、文本生成、机器翻译等诸多任务中。

OpenAI 公司在开发 ChatGPT 模型的时候，就使用了最先进的技术和算法，深度学习就是其中之一，其被广泛用于智能对话和文本生成领域。随着深度学习技术的不断发展和优化，GPT 模型在版本升级过程中体现了非常出色的自然语言生成、对话和语言理解等方面的能力。尤其是 ChatGPT 版本，其表现更加突出。

2. 自然语言处理技术

自然语言处理技术是实现人工智能的一项重要技术。自然语言处理技术将语言学、计算机科学、数学融为一体，用于研究实现人与计算机用自然语言交流沟通的方法。

自然语言处理技术主要用于机器翻译、自动摘要、观点提取、文本分类、问题回答、语音识别等诸多方面。

ChatGPT 在研发的过程中同样需要自然语言处理技术的支撑。在自然语言处理技术的助力下，ChatGPT 模型获得了高效的语音识别和回答能力，让人机交互变得更加自然。同时，ChatGPT 模型还因此获得了强大的语言理解能力，可以有效识别用户语境，并对问题进行相应的回答。

总之，ChatGPT 模型基于自然语言处理技术，给人们带来了更加自然、高效的交互方式，有效提高了用户在人机交互方面的服务体验。这是人工智能的又一伟大创举。

3. 循环神经网络技术

循环神经网络技术是以序列数据为基础的神经网络模型，可以完成自然语言处理领域中的多项任务，比如生成文本、机器翻译等。循环神经网络的核心是一个循环单元，可以对序列数据进行状态传递，因此被用于各类时间序列预报。简单理解就是：因为产出的数据通常是按时间排序的，所以循环神经网络可以处理序列数据，并在此基础上预测未来。

从技术上看，ChatGPT 借助循环神经网络的力量，具备了一定的预测未来的能力，可以利用上一个时刻的状态信息来更新当前时刻的状态信息。

比如，ChatGPT 可以通过历史数据和趋势，预测未来股票价格的涨跌走势，帮助人们做出更加明智的投资决策❶。

4. 注意力机制技术

注意力机制是研究人类视觉的一项技术。很多时候，人们会通过视觉、听觉、触觉等方式接收大量的感觉信息，并选择性地关注一些能够引起自己注意力的信息而忽视其他可见信息。比如，人们在阅读时，通常只有少量被读取的词会被关注和处理。

---

❶ 注意：ChatGPT 预测有风险，投资需谨慎。

注意力机制就是针对人们的这种选择性关注和处理行为而构建的一项技术。它可以对赋予不同部分的输入数据不同的权重，从而提高模型的准确率和泛化性能。

基于这种性能，注意力机制被用来实现对源语言❶句子和目标语言句子的对齐。

ChatGPT 在接入注意力机制技术后，可以用于各种自然语言处理任务，如文本分类、文本生成、聊天对话等。

比如，在文本生成的过程中，在注意力机制的加持下，ChatGPT 模型可以实现对历史文本和当前文本的关注，从而生成更加准确和自然的文本。

再比如，在聊天对话的过程中，有了注意力机制提供技术支持，ChatGPT 可以对用户输入的所有内容进行更好的关注，从而实现更加流畅和自然的对话。

ChatGPT的原理是什么

ChatGPT 的性能如此强大，那么其实现原理究竟是什么呢？让我们充分揭开其背后隐藏的秘密。

1. Transformer 模型架构

ChatGPT 能根据上下文生成精准回复，是因为 ChatGPT 在被 OpenAI 公司构建的过程中，采用了一个名叫"Transformer"的算法架构。

---

❶ 源语言：在最初编写计算机程序时使用的可以引导出另一种语言的语言。

Transformer 是一个神经网络模型架构，它由多个 Transformer 编码器和一个 Transformer 解码器组合而成。在 Transformer 模型中，每个 Transformer 编码器和解码器都包含多个注意力和多头注意力子集，以及一个前馈神经网络子集。这个模型可以实现对输入序列和输出序列的关注，并输出与输入序列相似的文本序列。

Transformer 模型架构特别擅长对序列数据中的长距离依赖❶进行建模，使其非常适合自然语言处理任务。

ChatGPT 的基本原理是使用 Transformer 模型架构分析文本信息，并根据上下文生成回复，使回复更加精准。

2. 预训练与优化

ChatGPT 具有超强的智能对话系统，且效果显著。ChatGPT 的成功之处还在于其引入了"手动标注数据 + 强化学习"。简单来说，就是引入了 RLHF，并不断对预训练语言模型进行 Fine-tune（微调）。其主要目的是让 ChatGPT 学会理解人类命令的含义。即让 ChatGPT 根据用户输入的指令或者用户提问，判断如何回答才能给出优质的答案，包括如何才能保证答案包含的信息丰富、对用户有帮助，答案无害且不包含歧视信息等。

具体来说，ChatGPT 的训练过程分三个阶段进行。

（1）第一阶段：训练监督策略模型阶段

GPT-3 本身是难以理解人类不同类型指令中所蕴含的不同意图的，也难以判断其自身生成的内容是否为优质答案。为了让 GPT-3 初步具备理解指令意图的能力，研发人员会在训练的数据集中随机抽取问题进行人工标

---

❶ 长距离依赖：从狭义上讲，是指由于话题或疑问造成语序变化后形成的前移的词与其依赖的词远离的现象；从广义上讲，是指句子中具有依存关系的词之间有较多词汇间隔的现象。

注，并给出高质量答案，然后用人工标注好的数据对 GPT-3 模型进行微调。虽然微调后的 GPT-3 在遵循指令方面的能力已经得到了很大的提升，但其在回答用户问题时，依然不能满足人类偏好。

（2）第二阶段：训练奖励模型阶段

第二阶段，主要是通过人工标注训练数据来训练奖励模型。在训练的过程中，研发人员随机抽样一批用户提交的问题，使用第一阶段生成的模型，对每个问题生成多个不同的答案。之后，研发人员对这些生成的内容数据进行人工标注，再根据结果（即上文提到的信息丰富度、信息有害度等标准）给出排名顺序。这个阶段的训练操作其实与教师对学生的辅导过程类似。

接下来，就是利用这个排序结果训练奖励模型。研发人员将多个排序结果两两组合，形成多个训练数据对。奖励模型接受一个输入，然后给出评价回答质量高低的分数，分数越高，说明产生的回答质量越高，说明用户对答案的满意度越高。

整个训练操作的目的，就是使 ChatGPT 从之前的命令驱动转向意图驱动，使其在收到用户提问时，可以更好地了解用户提问的意图，然后给出用户更加满意的答案。

这个训练阶段不需要给出过多的数据，只需要告诉模型人类的喜好，以强化模型在意图驱动下的执行能力。

（3）第三阶段：采用强化学习增强预训练模型能力的阶段

这个阶段不需要像前两个阶段一样采用人工标注数据的方式，而是需要利用上一阶段学好的奖励模型，通过奖励打分的方式来更新预训练模型参数。

　　具体操作是，先从用户提交新的问题中随机采样，然后采用近端策略优化（Proximal Policy Optimization，PPO）模型生成答案，并用上一阶段训练好的奖励模型对生成的答案打分。之后再将这个回报分数按照次序传递，产生一个策略梯度，通过这个策略梯度可以更新 PPO 模型参数。

　　这个阶段的训练是为了提升 ChatGPT 产生高质量答案的能力。

　　通过三个阶段的训练，我们会看到，ChatGPT 回答问题的能力明显得到了提升。经过不断重复的训练，ChatGPT 的能力会持续增强。

　　3. 指令微调

　　ChatGPT 之所以受用户欢迎，其实还有一个重要原因，就是其能够生成用户想要的内容。其背后的原理就是其进行了指令微调。

　　微调，简单来说，就是用别人训练好的模型和自己的数据来训练新的模型。

　　ChatGPT 的原理就是对 GPT-3 模型进行微调，使 GPT-3 模型能够更好地适应特定数据集和任务要求。

　　为什么要微调呢？微调主要为了让 ChatGPT 模型获得更高的性能。比如，获得比即时设计质量更高的结果、缩短用户等待回答的时间、提高 GPT-3 模型继承学习能力、提升 GPT-3 模型自适应学习率等，从而使 GPT-3 快速升到 ChatGPT 版本。

　　ChatGPT 使用的是 OpenAI 公司自主提出的成熟的 SOTA 强化学习模型（PPO）对 GPT-3 模型进行微调的。在对 GPT-3 模型进行微调的过程中，基于监督学习❶，即利用已有对话数据对 GPT-3 模型进行反向传播训练，调整

---

　　❶ 监督学习：指利用一组已知类别的样本调整分类器的参数，使其达到所要求性能的过程，也称为监督训练或有教师学习。

GPT-3 模型的权重和参数，从而使其更好地生成用户想要的内容。

事实证明，在 OpenAI 公司对 GPT-3 模型进行微调后，得到的 ChatGPT 版本产生了比原始 GPT-3 模型更好的效果。

4. 搜索算法

ChatGPT 在接收到用户的提问时，首先会使用内部算法将问题转换为机器可以理解的格式，然后将其输入预训练模型中。

在提取信息的过程中，ChatGPT 模型会从输入的文本序列中提取语义和语法特征，从而理解用户提问句子的结构、语法、语义、词汇语境等，从中识别出问题中的主体、主体之间的关系、主体动作等相关信息。

在生成答案的过程中，ChatGPT 模型会将提取到的信息转化为自然语言文本，这其中使用了一种名为束搜索（Beam Search）的搜索算法。

在生成答案信息量较大的情况下，束搜索为了减少搜索所占用的空间和时间，会剪掉一些质量比较差的节点，保留一些质量较高的节点。束搜索先从一个最小的集束中进行搜索，如果没有找到合适的解，就到较大的集束中寻找，从而在最短的时间内，搜索到最接近正确答案的解。

简言之，束搜索可以搜索一组概率最高的候选回复，从而提高回复的准确性和流畅度。

ChatGPT 模型之所以能够较精准地为用户生成答案、进行机器翻译、完成文本摘要任务，靠的就是束搜索这种搜索算法的应用。

第二章
深层剖析：实用价值与局限性并存

　　ChatGPT 的面世，使人工智能领域的发展迈上了一个新台阶。从总体上看，ChatGPT 已经是当前科学界的伟大创举，它是科技突破的结果，是实用价值的体现。但与此同时，ChatGPT 也存在一些不可否认的局限性。

ChatGPT有什么用

ChatGPT 的应用领域非常广泛。ChatGPT 释放的红利给诸多领域带来了受益机会，也给用户带来了更加优质的服务体验。ChatGPT 的用途主要体现在四个领域。

1. 智能对话

近几年，随着人工智能技术的不断发展，人机对话取得了一定的进展。人机对话的更高阶段是能够实现与人类实时、自然、流畅的互动。然而，人工智能系统不具备人类的情感，因此实现真正意义上的人机交互并不是一件容易的事情。

ChatGPT 的出现和应用，让机器与用户实时交互得以实现。

ChatGPT 是由 OpenAI 公司推出的一款人工智能技术驱动的自然语言处理工具。最初，ChatGPT 只是一个简单的聊天工具。随着 ChatGPT 被使用得越来越多，人们对 ChatGPT 的需求也越来越多，因此，ChatGPT 的功能在之前的聊天工具的基础上进行延伸，最终被广泛应用于人机交互。

ChatGPT 能通过学习和理解人类语言进行对话，还能根据聊天的上下文进行互动，甚至能像人类一样聊天和交流。此外，ChatGPT 还可以帮助用户创建他们喜欢的模块，并根据用户喜好定制他们想要的组件或功能，从而有效提升人机互动效率。

基于此，ChatGPT 最重要的用途就是进行智能对话，如智能客服。在这个功能下，你可以与 ChatGPT 像与人类交谈一样自由对话，并得到友好的反馈或建议，获得很好的人机聊天体验。

2. 信息检索

ChatGPT 是一种基于人工智能技术的聊天机器人，可以提供一系列对话服务，同时还具备搜索功能，可以用于信息检索。

基于 ChatGPT 的信息检索功能，其可以帮助用户在互联网查找他们需要的信息。用户只需要向 ChatGPT 提出问题或者输入关键词，ChatGPT 就会使用其内置的搜索引擎进行搜索，并返回给用户相关的查询结果。

重要的是，ChatGPT 不但可以搜索文本内容，而且可以搜索图片、视频、音频等多种类型的内容，满足用户的多样化搜索需求。另外，ChatGPT 还可以在搜索结果中提供相关链接和摘要，使用户能够更快地找到他们需要的信息。

ChatGPT 除具备基本搜索功能外，还具备以下特点。

（1）智能推荐

ChatGPT 可以根据用户搜索历史和兴趣，为用户推荐相关的内容，提高用户的搜索效率和满意度。

（2）可定制

ChatGPT 的搜索功能可以根据用户需求进行定制。比如，可以针对特定领域进行优化，为用户提供更加精准的搜索结果。

总之，ChatGPT 的信息检索功能十分强大，可以为用户提供更好的搜索服务，帮助用户快速获得所需要的信息。

3.知识服务

ChatGPT 基于超过 45TB 的数据量进行训练，这些数据涵盖了网页、电子书、新闻、论坛帖子、社交媒体等多样化文本数据。因此，ChatGPT 聚合了人类世界的广泛知识，可以说是一个博学多闻的"学者"，能够以问答形式为用户提供知识服务。

ChatGPT 能为用户提供的知识服务包括但不限于以下五方面。

（1）问答服务

无论用户提出哪个领域的问题，ChatGPT 都能知无不言，包括常识问题、技术问题、学术问题等。只要用户输入问题或关键词，ChatGPT 就会调集其知识库中的知识，为用户提供相关答案。

（2）翻译服务

ChatGPT 的知识服务还包括翻译服务。ChatGPT 可以将用户输入的文本内容翻译成其他语言，并提供发音和语法提示等辅助功能。

（3）图像识别服务

ChatGPT 可以根据用户提供的图片识别物体，并根据用户的提问给出物体的相关信息和相应的建议。

（4）语义分析服务

ChatGPT 可以对文本内容进行语义分析，帮助用户更好地了解文本的含义、情感逻辑和结构。

（5）内容摘要服务

ChatGPT 可以对一段长篇内容进行总结和摘要，从中抽取核心内容，并生成简洁的总结和摘要，帮助用户以最快的速度了解文章内容。

ChatGPT 是一个强大而灵活的工具，其具备的知识服务功能可以帮助用户获取所需要的知识信息，满足用户个性化、专业化、便捷化的知识服务需求，让用户获取信息变得更加高效。

4. 内容创作

前文中曾提到，ChatGPT 是一个万能内容生成器。这其实是 ChatGPT 最强大的地方。ChatGPT 在内容创作方面之所以强大，是因为它采用了先进的自然语言处理技术和深度学习技术，并通过大量训练和学习，使其输出的是基于自己所掌握的所有知识而生成的符合语法和语义规范的文本内容。

具体而言，ChatGPT 基于字词的概率分布，在文本生成时，根据用户给定的输入前缀预测接下来的字词，并将其作为生成文本内容的一部分。

ChatGPT 生成内容的类型包含但不限于以下四方面。

（1）新闻、文章、文案等内容的生成

ChatGPT 可以根据用户输入的关键词，自动生成符合要求的流畅的新闻或文章、文案等内容。

（2）电影、音乐、诗歌等评论的生成

ChatGPT 可以根据一部电影或一首音乐、一篇诗歌的内容信息，自动生成相应的评论。

（3）代码生成

在内容创作领域，代码生成也是 ChatGPT 的一个重要功能。ChatGPT 可以根据用户提供的需求和表述，自动生成符合要求的代码。

（4）知识图谱生成

知识图谱是信息的结构化表示。简单来说，就是将知识以图谱的形式更加直观地呈现出来。

ChatGPT 可以根据用户输入的知识点，生成对应的知识图谱，以帮助用户更好地理解和应用相关知识。

ChatGPT 是一种全新的、高效的内容生成工具，可以为用户快速生成高质量、个性化的内容，并应用于各种领域和场景中。未来，随着技术的发展，ChatGPT 在内容生成领域会有更多创新性应用服务于人类。

ChatGPT的优势是什么

当前，ChatGPT 给人工智能的发展带来巨大的影响和变革。ChatGPT 不仅是 GPT 系列在技术方面的升级换代，还影响着我们未来 10 年的生活、工作。ChatGPT 如此重要，得益于它所具备的重要优势。

1. 强语言生成能力

ChatGPT 是一种基于深度学习技术的语言生成模型。从 2018 年第一版本发布至今，GPT 系列已经随着技术的不断升级和进步，做了多次更新和改进。每一次版本的升级，其都会获得一些新的特性和功能。

ChatGPT 作为 GPT 系列的第四版本，采用了更加先进的神经网络结构，并在大规模语料库上进行预训练，从而学习了自然语言的规律和特征。这种模型可以在生成文本时保证语法和语义的规范性，并且能够实现上下文的理解和应用。ChatGPT 的语言生成能力因此得到了更好的提升，其生成质量和准确性都是前几个版本无法比拟的。

ChatGPT 可以通过分析用户输入的内容来理解语义，并生成自然流畅的回复。同时，GPT 模型还可以根据上下文信息来生成连贯的对话，使

ChatGPT 的对话质量更加高效、自然和真实。这些都充分体现出 ChatGPT 所具备的强大的语言生成能力。这使用户在与 ChatGPT 进行对话时更加舒适和愉快。

2. 支持多语言

传统机器在交互过程中，通常使用多个语言模型来支持不同语言的交互，从而达到多语言交互的效果。这样的操作存在语言切换困难、信息丢失等问题。

ChatGPT 与传统机器相比存在很大优势，主要体现在支持多语言方面。ChatGPT 在处理多种语言交互任务的时候，无须使用多个语言模型，就可以轻松完成任务。

目前，ChatGPT 凭借自身的多语言交互优势被应用于诸多领域。比如，ChatGPT 可以在智能客服机器人应用中支持多语言对话，能够根据用户的语言习惯、语境转换等进行自适应学习，从而实现更好的交互效果。又如，ChatGPT 在帮助用户完成翻译任务时，会实现多语言翻译，满足人们多样化语言翻译的需求。

以下是节选朱自清《背影》中的一段文字，我让 ChatGPT 将其翻译成英文和日文，具体操作如下。

> 我的输入：将这段话翻译成英文。近几年来，父亲和我都是东奔西走，家中光景是一日不如一日。他少年出外谋生，独力支持，做了许多大事。哪知老境却如此颓唐！他触目伤怀，自然情不能自已。情郁于中，自然要发之于外；家庭琐屑便往往触他之怒。他待我渐渐不同往日。但最近两年的不见，他终于忘

却我的不好，只是惦记着我，惦记着我的儿子。我北来后，他写了一信给我，信中说道："我身体平安，惟膀子疼痛利害，举箸提笔，诸多不便，大约大去之期不远矣。"我读到此处，在晶莹的泪光中，又看见那肥胖的，青布棉袍，黑布马褂的背影。唉！我不知何时再能与他相见！

ChatGPT：In recent years, my father and I have been running around, and our family's situation is getting worse day by day. He left home at a young age to make a living and achieved many great things on his own. Who would have thought that his old age would be so miserable! He is deeply saddened by what he sees, and his emotions cannot be contained. His pent-up feelings naturally spill over into the small details of our family life, often triggering his anger. He has become increasingly different towards me compared to the past. However, in the last two years we have not seen each other, he has finally forgotten my faults and only thinks of me and my son. After I moved up north, he wrote me a letter saying, "I am physically fine, but my shoulders hurt terribly. It's difficult to hold chopsticks or a pen, and I suppose that my time is limited." Upon reading this, tears welled up in my eyes as I saw his plump figure in his blue cotton-padded jacket and black cloth coat. Alas! I do not know when I will be able to see him again!

我的输入：将这段话翻译成日语。近几年来，父亲和我都是东奔西走，家中光景是一日不如一日。他少年出外谋生，独力支持，做了许多大事。哪知老境却如此颓唐！他触目伤怀，自然情不能自已。情郁于中，自然要发之于外；家庭琐屑便往往触他之怒。他待我渐渐不同往日。但最近两年的不见，他终于忘却我的不好，只是惦记着我，惦记着我的儿子。我北来后，他写了一信给我，信中说道："我身体平安，惟膀子疼痛利害，举箸提笔，诸多不便，大约大去之期不远矣。"我读到此处，在晶莹的泪光中，又看见那肥胖的、青布棉袍，黑布马褂的背影。唉！我不知何时再能与他相见！

ChatGPT：近年、父と私はあちこちを駆け回り、家の状況は日に日に悪化しています。彼は若い頃に家を出て生計を立て、多くの偉業を成し遂げました。しかし老境はこんなにも惨めであるとは思いもよらず！彼は目に映るものに傷つき、自然な感情を抑えきれません。情緒が内部に蓄積すると、自然と外部に表れます。家庭の些細な問題でも彼の怒りを引き起こすことがあります。私に対しては以前とは違う態度をとるようになりました。しかし、最近２年間会っていませんが、彼はついに私の悪いところを忘れ、私や私の息子のことだけを考えています。北に移ってから、彼は私に手紙を書きました。「体調は良好ですが、肩がひどく痛みます。箸やペンを持つのが困難で、おそらく行く時期は遠くないだろう。ここまで読んで、涙で目が潤み、彼の太った身体と青いコットンジャケット、黒い布製コート姿が目に浮かびました。ああ！いつ再会できるかわかりません！

ChatGPT 支持多语言的优势显而易见，为机器翻译和多语言交互带来了新的发展机遇。随着数据规模的不断扩大和不断积累，ChatGPT 未来的多语言交互应用将会更加广泛和深入。

3. 支持多轮对话

ChatGPT 与传统的机器人对话相比，还有一个非常重要的优势，就是支持多轮对话。

什么是"多轮对话"？就是用户在通过 ChatGPT 对话框输入并发送问题、ChatGPT 生成响应内容后返回给用户，用户围绕之前输入的内容再次追加提问，ChatGPT 可以在第二轮提问中保留用户之前输入的内容和生成的响应内容，以便将其传递给与用户的下一轮对话。这样，用户就可以与 ChatGPT 进行多轮对话，并且保证对话的延续性与连贯性。

ChatGPT 在多轮对话中所体现出来的思辨与渐进式沟通能力，主要是因为其经过了海量数据训练而获得了去中心化模型。

与 ChatGPT 的多轮对话的具体操作如下。

我的输入：金樽清酒斗十千，玉盘珍羞直万钱。

停杯投箸不能食，拔剑四顾心茫然。

欲渡黄河冰塞川，将登太行雪满山。

闲来垂钓碧溪上，忽复乘舟梦日边。

行路难，行路难，多歧路，今安在。

长风破浪会有时，直挂云帆济沧海。

这首诗是谁写的？

ChatGPT：这首诗是唐代诗人李白所作。

我的输入：介绍一下作者。

ChatGPT：李白（701～762年），字太白，号青莲居士。唐代伟大的浪漫主义诗人，被誉为"诗仙"。他的诗歌自由奔放，富有想象力和情感，表现了壮丽的山川河流、瑰丽的神话传说和豪迈的个性风貌。他的诗句富有音乐性，寓意深刻，被后人传诵不衰。李白也是唐代最重要的"酒仙"之一，其饮酒豪放、生活放荡不羁的形象与他的诗歌相得益彰。他的作品对中国古典文学和文化产生了深远影响，在中国文学史上具有举足轻重的地位。

我的输入：这首诗表达了作者什么样的情感？

ChatGPT：这首诗表达了李白在饮酒作乐之余对人生的思考和感慨。他在享受美食美酒时，因为内心的烦恼而无法继续享受。"拔剑四顾心茫然"表现出他内心的不安和迷茫。诗中也表现了李白对自然的热爱和向往，即想要越过黄河冰塞、登上太行山雪山之巅，感受大自然的壮观和美丽。最后，他表达了对人生道路的疑惑和迷茫，但其仍然有信心和勇气面对未来，"直挂云帆济沧海"。整首诗情感跌宕起伏，富有哲理性和感染力。

从上面可以看到，我围绕李白的《行路难》对ChatGPT连续发起三次提问，ChatGPT每次给出的答案也都围绕这首诗进行，与我对答如流。可见，ChatGPT在支持多轮对话的方面展示了惊艳效果。

4.开放域对话

对话任务分为两种类型：一种是任务型对话，另一种是开放域对话。

任务型对话通常应用于自动客服等场景，主要是面向任务，解决特定领域的特定问题。例如，电影票预定、景点门票预订等。任务型对话需要更加严格的相应约束，旨在准确地处理特定领域的用户消息。

开放域对话是基于强化学习的可控对话，一般无目的、无领域约束。换句话说，就是在开放域内进行没有约束但有意义的对话，而不是完全闲聊。

ChatGPT 其中的一个优势就是开放域对话。ChatGPT 看似是在与用户闲聊各种领域的各种问题，但能帮助用户有效回答并解决各类问题。

ChatGPT 的开放域对话模型是在外部知识图或语料库的帮助下，将外部知识视为源文本的一部分，生成与知识描述一致的内容并完成对话任务的回复。

ChatGPT 的开放域对话模型给出的回复往往不具有唯一性，用户输入的问题与 ChatGPT 输出的答案是一对多的。这使 ChatGPT 在对话集成、达到的效果、覆盖的领域方面均具有绝对优势。

我们之所以说 ChatGPT 是百科全书版聊天机器人，就是因为其支持开放域对话的优势。

就开放域对话这一优势来说，ChatGPT 承接的是不限领域的知识类问题，已经完全不同于以往的问答技术，是当之无愧的科技前沿的产物，将会给整个人机对话领域带来全新的范式和变革。

5. 方便易用

随着人工智能的发展，ChatGPT 的出现正当其时。无论是智能对话、文本生成，还是翻译编程、提供建设性意见等，在用户使用的过程中，ChatGPT 都能很好地体现出方便易用的特点。

具体而言，主要表现在以下三方面。

（1）提供 24 小时服务

ChatGPT 的使用途径是网页，ChatGPT 不需要休息，可以为用户提供 24 小时聊天对话服务。ChatGPT 还能实现与用户的实时聊天，在了解用户需求后，为用户提供准确的信息查询服务，快速响应用户。

（2）服务成本低、效率高

ChatGPT 可以为用户降低服务费用，用户购买会员后，就可以让 ChatGPT 协助完成大量的相关任务。ChatGPT 可以不吃不喝、不眠不休地完成用户给出的任务，有效减少了人工客服的运营成本，也节省了大量需要充分训练的客服人员的精力。ChatGPT 为用户带来极大便利、为用户节省成本的同时，更带来了经济效益的提升。

（3）快速查询和回复

用户有疑问或难题时，可以直接在 ChatGPT 的对话框中输入问题或关键词，ChatGPT 能够调动自己"大脑"中储藏的海量知识和信息，帮助用户快捷查询和回复，满足用户的回复率需求，为用户带来更多优质的体验。

总而言之，ChatGPT 为用户带来了极大的便利：节约了服务成本、简化了操作步骤、加快了服务速度、提升了服务水平、实现了服务实时化，使人类的生活变得更加便捷和愉悦。

6.可扩展性

ChatGPT 还有一个特点，就是可扩展性。ChatGPT 的可扩展性体现在以下三方面。

（1）模式定制

ChatGPT 的一个强大优势就是可灵活定制，扩展任务执行模式，包括定制 ChatGPT 的相应语气和风格，使其根据用户不同的需求和喜好，用不同的预期和风格与用户进行交互。

比如，用户聊天的风格是活泼型，ChatGPT 会根据用户输入的内容，以活泼型语言风格响应用户。

（2）系统可扩展

ChatGPT 的出现还能提高运维的可扩展性。在运维管理中，传统的聊天工具的扩展性通常表现较差。而 ChatGPT 可以通过自动化、智能化的方式，更加方便地实现系统扩展，能够更好地应对不同场景的需求。

比如，我们已知 ChatGPT 是一种很好的智能聊天机器人，但随着 ChatGPT 应用需求的不断扩大，ChatGPT 还可以在其他领域大展拳脚。如，在医疗领域，ChatGPT 可以帮助医生更好地了解患者病情，协助医生为患者提供更加准确的救治方案；在金融领域，ChatGPT 可以帮助银行为客户提供更好的资金管理服务；在教育领域，ChatGPT 可以协助教师为学生做教学辅导，实现因材施教等。

（3）迭代优化

ChatGPT 具有极强的学习能力，能够根据不同的数据集进行自我迭代和优化，从而实现能力的不断提升。

随着技术的不断进步和应用场景的不断扩展，ChatGPT 的可扩展性优势会更加凸显，可在未来各领域的应用中扮演越来越重要的角色。

ChatGPT有什么局限性

虽然 ChatGPT 已经在人工智能领域表现出前所未有的优越性，使大众对人工智能聊天机器人的印象有了极大的改观，但是我们在为 ChatGPT 的强大功能和优势感到兴奋的同时，也要看到 ChatGPT 存在的一些局限性。

1. 概念性创新能力不足

即使 ChatGPT 所表现出的能力再强大，我们也不可否认它存在创新能力不足的问题。简单来说，就是 ChatGPT 很难具备创新力，理由如下。

（1）ChatGPT 是数据组合而非真正意义上的创新

ChatGPT 是人类使用已有知识大数据对语言模型训练的产物，是超大数据组合的产物。ChatGPT 并不具备人类的智慧，它所掌握的知识、表现出来的超强响应速度，都基于它拥有的超大规模文本库中的数据，是对文本库中已存在答案的复述，或者是文本库中知识、信息数据的简单组合。

（2）ChatGPT 难以达到创造新知识、新智慧的境界

虽然 ChatGPT 是经过多次迭代后的产物，但 ChatGPT 无法达到像人类那样通过"头脑风暴"实现知识、智慧创新的境界。因为，"头脑风暴"是人类打破常规、自由思考，产生新观念或激发创新设想的一种方法。"头脑风暴"具有偶发性、强互动性，是人类独有的智慧产生法，而 ChatGPT 是人工"喂养"后服务于人类的工具，很难达到创造新知识、新智慧的

高度。

基于概念性创新能力不足，ChatGPT 生成的各种内容只能说是模仿。比如，模仿李白的诗词风格吟诗作赋。如此，ChatGPT 只能是一种机器，只能做人类的助手。

2. 无法实现自律成长

ChatGPT 是基于深度学习技术构建的大型语言模型，虽然是当前 GPT 系列更新的最新版本，但 ChatGPT 所获得的优于前几个版本的超强能力，都是人为"投喂"的结果，从 ChatGPT 自身来看，ChatGPT 并不具备自律成长的能力。

所谓"自律成长"，即自我约束成长，就是指在没有人现场监督的情况下，通过自己要求自己、自己主动改变自己，用一定的法度、规则来约束自己的一言一行，达到成长的目的。ChatGPT 无法实现自律成长的主要原因有以下两方面。

（1）ChatGPT 缺乏自我意识和自我学习能力

ChatGPT 本身只是一个服务于人类的工具，或者说是一个程序，它没有自我意识，无法感受自己的情绪，也不能产生真实的想法，更不能主动学习。ChatGPT 所做的就是根据人类为其预设的算法和数据集来生成答案，无法像人类一样通过自我约束、自主思考来提升自我。

（2）ChatGPT 缺乏道德和伦理意识

ChatGPT 是缺乏道德和伦理意识的，它在为人类服务时，只是凭借算法和数据集给出人类想要的结果。如果 ChatGPT 被用于不道德或者违法任务，它无法拒绝或阻止这样的行为。这也就导致 ChatGPT 无法实现自律成长。

基于以上两点，我们不难看出，ChatGPT 似乎永无可能实现自律成长，它也无法像人类一样通过自我评价逐渐改进评价标准，使自己主动获得自我能力的提升。

3. 逻辑推理能力不足

虽然在前文中我们已经看到了 ChatGPT 所具备的推理能力，但其表现出的推理能力并没有像人类一样强大。

当前，ChatGPT 已经在自然语言文本规则和模式方面表现出了较好的效果，但对于抽象知识和逻辑推理能力的学习还比较"欠火候"。

比如，ChatGPT 学习的通常是一些常识性知识和内容，对于一些实时新闻词汇，则表现出功能的局限性。日常生活中，为了方便交流，人们将新型冠状病毒检测结果呈阳性口语化为"阳了"。我对 ChatGPT 提问了有关"阳了"的问题，具体操作如下。

我的输入："阳了"之后应该注意什么？

ChatGPT：如果你感到中暑或是受到了太阳的过度曝晒，应该注意以下六点：

①立即前往阴凉处休息，避免暴晒。

②补充水分，可以喝水、饮用电解质饮料等。

③如果出现呕吐、头痛、头晕等症状，应该尽快就医。

④以后进行户外活动时，应该注意避免在强烈的阳光下暴晒，可以穿上轻便、透气、遮阳的衣服，戴上帽子和太阳镜，并定时补充水分。

⑤如果长时间在户外工作或活动，应该定期休息，避免身体

过度疲劳。

⑥对于老人、儿童和体弱者等易受中暑影响的人群，应该格外关注其身体状况，及时采取措施。

显然，ChatGPT 错误地将"阳了"理解为"中暑"。它并没有真正理解"阳了"在口语中的应用，更无法为我们推理出靠谱的答案。出现这样的结果，主要是因为以下三点。

（1）无法主动掌握数据

ChatGPT 受工作原理的限制，不能自己主动掌握数据，无法靠自我逻辑推导出正确的结论。

（2）缺乏相关数据集的训练

ChatGPT 之所以表现出较差的逻辑推理能力，可能是因为它缺乏某些场景方面的数据集。即便是最好的算法和十分庞大的数据集，也不能保证可以完全覆盖所有场景。因此，ChatGPT 在某些应用场景中，会出现逻辑性错误。

（3）语义理解不足

ChatGPT 语义理解能力有待提升。虽然 ChatGPT 可以给出符合语法规则的答案，但是对于一些复杂的语义关系，它很难推理出在特定场景使用的特定词汇的真实含义。

总之，ChatGPT 缺少一定的逻辑系统作为其基础，使其逻辑推理能力在某些时候会因此受到限制。

4. 精准性、深度性、专业性不够

我在实际使用过 ChatGPT 之后发现，ChatGPT 对于每一次提问都会实时给出答案，但不能保证答案的精准性、深度性、专业性，不能保证提供

的答案完全正确。即便其偶尔给出了正确答案，也不是由清晰定义的算法逻辑算出来的。缺乏精准性、深度性、专业性，是 ChatGPT 在应用过程中体现出来的最糟糕的"痛"。造成 ChatGPT 给出的答案精准性不够的原因，主要有以下三点。

（1）缺乏行业数据训练

对于一些专业性较强的行业，如法律、医疗行业，如果 ChatGPT 缺乏相关专业数据的训练，那么它给出的答案可能是完全错误的。同样，对于特定场景中的商业问题，ChatGPT 的回答会较为宽泛和笼统，我们可以借鉴的概率并不高。

（2）缺乏实时数据训练

ChatGPT 本身不具备联网能力，所接受的所有训练都是基于预先给出的数据集。无法接受实时数据训练，就会导致 ChatGPT 在对一些时效性很强的提问给出回答的时候开始"胡言乱语"。

（3）缺乏思辨的能力

通常，对于一些思辨类问题，如"五天工作制与四天工作制，哪个效率更高？"这样的问题，ChatGPT 在回答的时候普遍会遵循"A 和 B 都可以，具体需要依情况而定"的原则。这样的回答显然不够深入，难以让用户满意，其具体操作如下。

我的输入：五天工作制与四天工作制，哪个效率更高？

ChatGPT：我没有主观意识，也无法评价哪个工作制效率更高。但是，

根据一些研究和实践，五天工作制可能更常见且更符合传统

的工作模式，但四天工作制可能会提高员工的生产力和幸福

感。因此，哪种工作制更适合取决于具体情况和组织的需求。

尽管 ChatGPT 能够根据数据排序结果给出效果极佳的答案，但对于很多场景，如日常生活中要求是非对错、黑白分明的场景，以及众多科学理论场景等，要求其给出绝对正确的答案，ChatGPT 就显得无能为力。即便 ChatGPT 训练的数据源规模涵盖了超过百科全书这样的超大知识库、信息库，ChatGPT 也不可能从根本上解决精准性、深度性、专业性不足的问题。

5. 不具备共情能力

ChatGPT 凭借其实用性，在很多领域的应用获得了巨大成功。但在心理咨询领域，ChatGPT 虽然可以提供一些心理支持和建议，但其在与用户聊天时，所表现出来的却是流于表面、肤浅的回答，没有站在用户的立场上，感受用户此时此刻的情感和状态。可以说，ChatGPT 本质上不具备共情能力。

只要和 ChatGPT 有过足够多的接触，聊得足够多，我们就会发现，ChatGPT 在处理情感问题时，只会拿出自己的"老两样"武器来应对用户的提问，即你有 ××× 样的情绪是正常的，建议你 ×××。

比如，我尝试向 ChatGPT 阐述自己当前处于糟糕的情绪状态，而 ChatGPT 给出的聊天响应是这样的，具体操作如下。

我的输入：我因为最近一些糟糕的事情感觉要崩溃了！

ChatGPT：我很抱歉听到您的不幸。如果您感到情绪上有些失控，这是很正常的反应。以下是一些建议可以帮助您处理这种情况：

①让自己冷静下来。当我们处于情绪崩溃的状态时，我们的思考和决策能力可能会受到负面影响，所以先让自己冷静下来。可以通过深呼吸、冥想或放松活动来帮助自己冷静下来。

②找人倾诉。找一个信任的人，向他们倾诉你的感受和心情。这可以帮助你释放内心的压力，并获得支持和安慰。

③寻求专业帮助。如果您感觉无法自己处理情绪崩溃，可以寻求专业帮助，如心理咨询或治疗。

④睡眠充足。睡眠对身心健康非常重要。确保您每晚都有足够的睡眠时间，可以帮助您恢复精神和情绪。

⑤关注自己的需求。在处理情绪崩溃期间，确保自己得到足够的食物、水分和锻炼，这可以帮助您保持身体和精神健康。

最后，请记住，情绪崩溃只是暂时的，不要放弃对未来的信心。

从 ChatGPT 的回答中我们不难看出，ChatGPT 给予了用户及时的回复，却不能给予用户情感安慰。

ChatGPT 是人工智能聊天机器人，没有感知，无法判断人类情绪的强烈程度和状态变化。对于用户的情感诉求，也只是给予了不合时宜的"说教"。这是典型的基于规则学习而输出的机械式情感，而非人类的情感。原因如下。

（1）ChatGPT 没有人类的情感理解能力

ChatGPT 可以分析用户输入的语言，并与用户聊天交流，但它缺乏人类的情感理解能力。因此，ChatGPT 无法胜任心理咨询师的工作。

（2）无法观察用户的面部表情和身体语言

ChatGPT 只是一种人工智能聊天工具，不具备观察用户面部表情和身体语言的能力，无法通过用户面部表情和身体语言的细微变化了解用户的情感和情绪状态。

上述是 ChatGPT 无法做到的，但心理咨询师能够做到。他们可以根据用户的具体情况和需要，为用户提供个性化支持和建议。更重要的是，心理咨询师能够给予用户情感上的安慰，对用户做心理疏导，与用户建立信任关系，转移用户的注意力，让用户减少情绪压力，帮助用户从低落情绪中走出来。所有的这些，是 ChatGPT 无法企及的。

总之，ChatGPT 虽然与人类进行交互，但它仍然是一个机器，不具备人类的情感和知觉，也无法与用户建立紧密和信任关系，缺乏人情味和情感关怀。在涉及处理情感问题时，ChatGPT 仍然存在显著的局限性。

6. 存在知识产权问题

ChatGPT 自面世以来，人们在惊叹它的内容生成和信息检索能力的同时，也对其背后的知识产权问题给予了极大的关注。

《中华人民共和国著作权法》对"作者"的定义对象是自然人、法人或非法人组织。ChatGPT 属于一种程序、一种模型。并不属于《中华人民共和国著作权法》中提到的"作者"范畴，是权利的客体。

人们不禁要问：不具备"作者"身份的 ChatGPT 所生成的内容是否可以称为"作品"？

ChatGPT 生成的内容是在语料库中对知识进行排列组合的结果，是根据人类表达的需求给出的最接近人类喜好的答案。这些内容其实并没有跳出训练文本库的范围，是在人类已知知识上进行的改装或二次创作，不具备原创性，因此不能称为"作品"，而属于"产品"。

那么问题又来了：ChatGPT 对已知内容进行改装或二次创作的产品，是否存在侵权问题？答案是肯定的。ChatGPT 生成的内容没有显示引用来源，这就很可能会导致生成的内容存在侵权的风险。

但是，目前并没有相关法律法规界定和规范 ChatGPT 生成的内容。这是知识产权相关法律和 ChatGPT 的研发者都迫切需要考虑和解决的问题。

第三章
深度思考：ChatGPT给我们带来了什么

　　ChatGPT 的概念非常火，它非常厉害，但它能够给我们带来什么呢？这个问题值得我们深度思考。一项技术再厉害，它还是要落实到实际的用处才行。

生活方式变化带来直观感受

无论一个什么样的技术发展起来，我们普通人最为直观的感受就是它给我们的生活带来了怎样的改变。

比如，有人研究出了飞行汽车，它能够非常平稳地贴地飞行，飞行速度接近于我们现在使用的汽车的速度。但是，我们现在没有相应的法律法规和交通规则，飞行汽车无法上路。那么即便它的技术已经很成熟，使用时也很安全，对于普通人来说，在现阶段，它带给我们的生活方式的变化也基本等于零。

ChatGPT 带给我们的生活方式的变化却不是这样，它可以迅速应用到生活的很多领域当中，让我们直接感受到它带来的震撼。

1.改变消费方式

在生活方式方面，ChatGPT 首先可以改变我们的消费方式。

消费方式是我们购买商品或购买服务的方式，一般它可以这样分类：

按消费对象分类：商品消费和劳务消费。

按交易方式分类：钱货两清消费、贷款消费和租赁消费。

按消费目的分类：生存资料消费、发展资料消费和享受资料消费。

人们消费主要是根据自己的需求去商店或网络电商平台，寻找所需要的商品或服务。当 ChatGPT 的技术融入我们的生活之后，我们的消费方式可能会变得与现在完全不同，我们会有一个类似于拥有了私人保姆的消费体验。

　　ChatGPT 会根据我们以往消费的习惯和喜好，为我们推荐商品或服务，它可以直接帮我们搞定消费中的每一个环节。我们不需要自己花费很长时间在众多的商家和品牌中挑选，也不需要盯着商品下方的评论区，努力在评论区里找到一些能分辨商品是否靠谱的信息，更不需要为了买到一款适合我们的商品而恶补产品相关的知识。

　　我们将挑选商品和服务的工作交给 ChatGPT，让它来帮我们做出选择。当然，如果对它不是特别放心，我们也可以检查一下它提供的选择。不过，ChatGPT 拥有海量的数据库，所以我们对它的选择基本是可以放心的。

　　至于付款方式，我们可以让 ChatGPT 帮我们规划一下，让它来帮我们分析怎样付款划算。比如，一件商品分期付款的话，不需要服务费，甚至还可以打折，那我们当然就适合选择分期付款。如果没有 ChatGPT 帮助我们分析，只靠自己的话，浪费时间也浪费精力。相信很多人在看"双 11"等促销活动的优惠券时会有深刻的体会，各种叠加券能让人看得头晕目眩。

　　消费目的方面，有些人对自己的消费没有明确的规划，逛商场或逛网上的购物平台时，根本管不住自己的手，看到就想买。这其实是很不好的习惯，容易让我们的消费超出我们的能力。我们可以让 ChatGPT 给我们做一些规划，使我们的消费始终保持在健康的状态之中。

2. 改善身体健康

　　健康对每个人来说都是极为重要的，如果我们没有健康，那么一切都会变得非常糟糕。现代人的生活节奏太快、工作压力太大，导致不少人的身体出现了问题。ChatGPT 可以帮我们改善身体健康，这对我们每个人都有很大的帮助。

每个人的生活习惯、工作内容、工作习惯等都是不同的，体质也千差万别，对于别人来说健康的生活方式，对于自己就不一定是健康的。比如，有的人每天只睡 4 个小时，就可以一整天精力充沛。但这对很多人来说是受不了的。

我们和别人是不同的，怎样的生活方式适合我们，需要真正懂养生的人根据我们身体的相关信息、工作的相关信息、生活习惯和工作习惯的相关信息进行分析后，才可以给出一个相对合理的建议。我们在网上看到的专家可能是假的，而我们自己的各种数据，可能连我们自己也说不清。因此，仅靠我们自己找到一个让我们身体更健康的方法是很难的。

ChatGPT 可以帮我们解决这个难题。它本身拥有非常庞大的数据库，基本涉及所有行业。中医在养生方面是非常高明的，我们可以将中医的理论和各种数据输入 ChatGPT 当中，让它变成一个懂中医理论的养生专家。然后，我们输入自己的生活信息和身体的各项体检信息，让 ChatGPT 为我们提供一个合理的养生建议。

不少人工作繁忙，抽不出时间来养生。ChatGPT 可以根据我们的工作，为我们制定更适合我们的养生建议。它有众多的数据进行参考，给我们制定的方法将会非常符合我们的情况。

我们可以将 ChatGPT 当成我们的健康顾问，有任何问题都可以向它咨询。这样一来，我们的生活方式会更加健康，我们的身体自然也就更加健康了。

3. 满足快速获取信息需求

移动互联网时代是信息爆炸的时代，我们能够接触到的信息是海量的，如何在海量的信息当中找到我们想要的信息，是一个难题。有人可能认为，有搜索引擎啊，我们可以去百度上搜索啊。这看似能帮助我们解决问题，但实际上并不能，或者说解决得并不太好。

如果让你自己去搜索引擎上搜索一个未知领域的信息，那么，当你搜索之后，弹出来的内容可能有很多广告和垃圾信息。要从这些信息中找到我们需要的信息，依旧十分困难。比如，我们要寻找某一个网站，在搜索引擎中输入网站名称进行搜索，弹出来的前两个链接都是广告，不是我们想要的内容，而第三个可能是一个有危险的网站。

按理说，被搜索的官方网站应该显示在搜索结果的第一位，并且被非常明显地标明是官方网站，让人可以轻松找到。但搜索引擎为了自身的利益，会将交了广告费的内容排到第一位，这就使很多人深受困扰。

这还是一个知名度比较高、容易找的网站，如果是其他内容，就更难以寻找了。知识和信息浩如烟海，它们就在那里，但我们却找不到它们，这是当前搜索引擎带给我们的困扰。

有些有计算机技术的人说，搜索时在关键词后面输入一些符号等，可以过滤掉广告，或者有其他一些功能，能够帮我们精准找到我们想要的信息。但一般人谁会去记这些难记的符号呢？我们只希望输入关键词搜索，就能搜索到自己想要的内容，这才是对我们来说简单实用的好方法。

ChatGPT 能帮我们解决这些问题。我们自己不需要去懂如何进行搜索，如何在关键词后面加后缀，一切交给 ChatGPT 来搞定。

ChatGPT 可以做我们的私人助理，有什么问题直接问它就可以了。行业最新的动态、和我们有关的新闻时事、网络上的一些新鲜有趣的内容，我们都可以让 ChatGPT 帮我们筛选，然后告诉我们。

ChatGPT 会了解我们的喜好、知道我们的需求，告诉我们的都是我们需要的内容。这不但能够省去我们搜索信息的时间，而且能够使我们不遗漏重要信息，因为 ChatGPT 拥有海量的数据库，它筛选过的信息，几乎是不会有遗漏的。

赋能人工智能达到新高度

人工智能在我们的生活中已经有很多应用，我们对它并不陌生。小米的小爱同学、百度的小度、苹果的 Siri，都是我们在日常生活中经常会使用的一些人工智能语音助手。送餐机器人、送快递机器人、客服机器人等，是我们在日常生活中经常能够见到的人工智能机器人。

ChatGPT 能够给人工智能赋能，让人工智能变得更加聪明，更接近人类的智商。当有一天人工智能拥有和人类一样的智慧时，人工智能就变得和真人差不多了。而当人工智能的智慧真正超过人类时，我们就要开始"头疼"了。不过，现在的人工智能还无法超越人类的智慧，它们还不能真正去地思考，我们的担心还为时过早。

1.加速智能设备发展

现在，我们在日常生活和工作中会接触到很多智能设备，比如，各种智能家居产品、智慧控制系统、安全系统等。这些智能设备让我们的生活和工作变得更加方便快捷，我们可能只需要说一句话或者做一个手势，它们就会明白我们的意思，并帮我们把事情做好。但是，有一个很重要的问题，就是它们的智能程度不够，有时候无法达到我们的预期，甚至会出错。

自动驾驶是一个非常令人惊喜的功能，在开车时能够使人解放双手，让驾驶员不再疲劳。然而，自动驾驶有不小的安全隐患，当自动驾驶系统出现识别错误时，有可能会发生交通事故。事实上，自动驾驶出错的情况有很多，比如，将一些反光的东西识别成障碍物突然紧急避让，侧后方有车辆未能识别，对障碍物交通锥未能识别等。

我们在使用智能设备时，应该或多或少地遇到过系统出错或不好用的情况。不少人在拨打客服电话遇到智能语音客服时，往往第一句话就是"转人工"。如果智能客服能够做得和真人一样好，那么相信不会有人再去选择人工服务了。

ChatGPT 能够让智能设备变得更加智能，它比以往的 AI 更加聪明，能够通过图灵测试，在与人的交流中让人无法判断出它是 AI 还是真人。有了这样强大的智能，智能设备当然也会变得更加接近真人。

ChatGPT 是将大数据、大算力和强算法结合起来的强大组合，它让智能设备更智能、更优化。我们现在经常遇到的智能设备"不智能"和不好用的情况，将会得到很大程度的改善。

此外，ChatGPT 的交互性更好，我们只要说出自己的需求，智能设备就可以接受我们的指令，这就意味着更多领域的智能设备的操作可以被简化。

总之，当 ChatGPT 为智能设备赋能后，智能设备的发展会迎来一个高峰，它的发展速度会更快，涉及的领域也会更广。我们很可能会迎来一个智能设备的发展在各领域全面爆发的新时代。

2. 人机互动带来人性化体验

在计算机刚发明出来的时候，计算机需要专业的人员使用专业的方法才可以操作，过程烦琐且复杂。随着计算机的发展，操作系统变得更人性化，普通人也可以轻松使用计算机。我们现在使用计算机，不需要进行专业系统的学习也可以操作，非常简单。不过，如果要编写程序，还是需要学习编程，普通人是很难做到的。

ChatGPT 使人机互动变得更加简单、更加人性化。无论是我们平时使用机器，还是我们要编写一个程序，都可以通过 ChatGPT 来实现。我们自己可以什么都没有学过，只要和 ChatGPT 说一下，它就会帮我们搞定。

现在，当我们要 ChatGPT 编写一个程序时，它会按照我们的要求为我们编写。虽然 ChatGPT 编写的程序可能不如程序员编写得好，但是，当它的技术发展到能够编写出更好的程序时，程序员这个岗业或许就要消失了，至少一些普通领域的程序员会被 ChatGPT 取代。而我们普通人，也可以使用 ChatGPT 来进行一些程序的编写。

或许，我们还可以让 ChatGPT 帮我们做更多的事，比如修理系统或软件出现问题的机器。

现阶段，我们手机坏了或者电脑坏了，需要到店里去维修，也许将来我们可以让 ChatGPT 帮我们修，当然前提是手机或电脑出现的是系统或软件方面的问题。我们可以告诉它，帮我们检查一下是哪里出了问题，并帮我们想出一些解决办法。如果我们觉得它的这个解决办法可行，那么可以让它帮我们把设备修好。这就像杀毒软件给我们的手机或电脑杀毒一样，只不过 ChatGPT 的互动更加方便和智能了，同时它也更强大了，可以帮我们解决更多的问题。

有人认为，ChatGPT 正在催生新一代的操作系统平台和生态。在某些领域，我们以前的交互方式可能比较烦琐，而以后可以用语言或文字进行交互，交互会变得非常简单，人人都会。

当各个领域都可以使用 ChatGPT 进行更简单的互动时，人人都可以轻松实现人机互动，不需要学习复杂的操作方法和指令。无论是谁，都可以轻松使用各种机器，那么整个社会的现代化程度将又前进了一步。

3. 加速人工智能商业化落地

有人认为，ChatGPT 是人工智能技术"量变"引发"质变"的代表，标志了目前机器学习大模型、大训练数据和大算力能够到达的新高度。

无论如何，ChatGPT 已经成功"火出圈"，并且引起了整个 AI 行业的火爆。很多公司开始在人工智能领域加大投入和研发力度，并不断取得进展和突破。一石激起千层浪，当整个行业迅猛发展时，人工智能商业化落地自然也就进入了加速阶段。

一枝独秀不是春，整个行业繁荣起来，才是人工智能发展的归宿。ChatGPT 在带来"百花齐放"的行业现象的同时，也使人工智能商业化落地的各个场景纷至沓来。

（1）生成文本

微软推出了一个叫"Teams"的产品，它由 ChatGPT 提供技术支持，可以自动生成会议记录，也可以推荐任务和创建会议模板。使用这款产品，公司会议的记录就会变得非常轻松。

（2）生成图像

在有了 ChatGPT 技术的加持之后，用 AI 来画画变得非常不错，这种画作甚至可以和人画的画相媲美。不过，目前用它来画人像时，会出现手指画不好的问题。2022 年 5 月，谷歌推出了根据文字生成高清图像的模型 Imagen。随后谷歌在 Imagen 的基础上又推出了 DreamBooth，它可以将输入的图片高度还原以及进行个性化表达。

（3）生成音频

将文字转化成语音，是一项非常好用的技术，但现在我们经常看到的软件，读出来的语音都和真人有很大区别，缺乏情感，一听就知道是机器读出来的。ChatGPT 将使这类软件更加优秀，读出来的声音更接近真人。

（4）生成视频

ChatGPT 既然可以将文字转化为图片，那么将文字转化为视频应该也是可以的，不过目前还没有软件能做到这一点，只能说未来可期。现在主要是用软件对视频进行智能编辑，有了 ChatGPT 技术之后，智能编辑功能将会变得更强大。现在短视频正流行，而智能编辑软件将会减少大量的人工操作，非常实用。

有了 ChatGPT 技术之后，人工智能会变得比以前更强，商业化落地的速度也会更快。我们所举的例子，以及我们现在能够想到和看到的各种人工智能产品，不过是冰山一角。

ChatGPT 将给我们带来一个又一个惊喜，我们应该去挖掘它的潜力，做出更多更好用的人工智能产品，方便我们的工作和生活。

改变人类社会发展进程

ChatGPT 就像是一把开启未来智能时代的钥匙，它将带给我们数不尽的惊喜。我们现在所看到的，只是它展现给我们的一个小小的功能，将来，它会让我们知道它有多么强大。

比尔·盖茨说："属于 AI 的时代已经到来了！"他认为他这辈子只经历过两次革命性的技术变革，而 ChatGPT 所引领的人工智能变革就是第二次，它的重要性甚至不亚于电脑、互联网和手机的诞生，它将改变人们学习、工作、交流等的方式。

ChatGPT 的潜力无比巨大，它为我们打开了一个人工智能的宝库，将改变人类社会发展的进程。我们正置身在这场变革之中，要努力抓住这个全新的风口。

1. 改变世界信息化格局

ChatGPT 会给世界信息化的格局带来很深的影响，会改变现在的格局，让信息变得更容易生产、搜索和传播。

现在我们生产信息的方式一般是人工生产，而 ChatGPT 可以直接生成信息，并且生成的信息的质量和人工制作的不相上下。

这样，我们完全可以让 ChatGPT 来生产信息。那么，我们还需要花费很多的人力来生产信息吗？在将来，或许很多信息生产岗位会被取消。

搜索信息的方式同样也会产生巨大的变化。我们现在主要使用一些搜索引擎来进行信息搜索，而 ChatGPT 可以通过问答的方式，将信息直接告诉我们，省去了我们自己搜索的麻烦，还没有广告。ChatGPT 会对信息进行筛选，然后将最有价值的信息提供给我们。

正因为 ChatGPT 将会带来信息搜索方面的变革，所以谷歌、百度等公司才会如临大敌，因为大家已经能够预想到 ChatGPT 带来的格局变化。

信息的传播方式也会发生改变，我们现在还需要通过各种媒体、各种信息平台获取信息，以后或许只看 ChatGPT 就可以了。所有的信息平台最后被集中到 ChatGPT 上进行展示，我们只掌握这一个信息出口就行了。

无论是生活还是工作，我们都可以使用对话的方式，从 ChatGPT 那里获取我们想要得到的信息。它集信息生产、搜索和传播于一体，可以说就是一个信息的终极集合体。

或许，ChatGPT 将会完全改变现在的世界信息化格局，给我们带来一个超乎想象的全新的信息时代。

2. 改变人类知识生产方式

ChatGPT 可以帮助学生做作业、帮助画家画画、帮助程序员编写程序，不过这些基本不算是新的知识，属于旧知识的重新组合。那么，ChatGPT 可不可以改变人类知识的生产方式呢？或许是可以的。

ChatGPT 不但可以将旧知识重新组合，而且可以产生新的知识，原因在于它有非常强的训练能力，而在某些领域，这种训练是非常有效的"筛选"。这就像爱迪生寻找最适合做灯丝的材料，如果 AI 帮他测试了 1000 多种材料，他就可以省去大量的时间，从而快速找到最为合适的材料。那么，这个"最适合做灯丝的材料"的知识，就是 AI 产生的。

现在的 ChatGPT 只能做一些基础的工作，生产的知识也有限。在将来，我们或许可以让 ChatGPT 成为一个能够更好地生产知识的 AI。

随着技术不断更新，ChatGPT 会变得越来越强大，它的智能程度也会越来越接近人类，或许它将在很多领域生产知识，改变人类的知识生产方式。

3. 社会经济阶层大洗牌

进入 21 世纪以来，人工智能就已经给我们的生产和生活带来了非常大的变化，提供了非常多的便利。ChatGPT 的出现，将会使这种变化更加巨大，我们将迎来社会经济阶层的大洗牌。

在以前，维持整个社会的正常运转，需要消耗大量的人力。随着机械和人工智能的发展，我们需要的人力逐渐减少。ChatGPT 会让所需的人力继续减少，很多行业将会迎来失业潮。或许在将来，我们完全不需要人来工作，即所有人都可以不用工作。

"工业 4.0"其实早就被人们提及了，它是以人工智能制造为主导的第四次工业革命。从生产、管理再到物流，统统实现智能化，不需要人工干预。ChatGPT 的出现让"工业 4.0"可以更快实现。

近些年来，很多职业在以各种方式被取代，我们能够看到，几乎每几年就会有一些行业逐渐消失。ChatGPT 会使一些只需要简单基础劳动的行业加速消失。

每一次的科技革命，都有三个阶段。

第一个阶段是，新科技出现了，但是不如人工做得好，人们并不是特别在意，但有一小部分人已经警觉起来，并积极去研究。

第二个阶段是，一部分人工被新科技替代了，科技已经做得和人工差不多了，但还有点差距，大部分人已经意识到科技的力量。

第三个阶段是，人工基本完全被科技取代，而且科技的效率更高、成本更低，此时几乎没有人再做这些被取代的工作了。

ChatGPT 带给我们的冲击应该也会按这三个阶段走，我们目前处在第一个阶段。

很多基础劳动的工作可能会被 ChatGPT 所取代。但我们不要悲观，因为有些行业是 ChatGPT 无法取代的，而且新的科技也会催生出新的行业。我们只要积极去准备和应对，到了该转行的时候能够顺势转行，就不会受到太大的冲击。

第四章
商业落地：ChatGPT赋能各行业
实现大规模商业化

正所谓："科技改变生活。" ChatGPT 作为第四代 GPT 的产物，对人们生活的改变是显而易见的。在 ChatGPT 的赋能下，原本需要人工才能完成的事情，可以在 ChatGPT 的辅助下快速、高效地完成。可以说，ChatGPT 给整个人类社会的发展注入了新活力。尤其是传统行业，更是乘着 ChatGPT 的春风进行商业落地的同时，实现了行业变革。

零售领域：ChatGPT创新交互方式、颠覆数字营销

ChatGPT 对于人工智能领域可以说是一次大震动，而且这场震动还波及了其他行业。零售领域是 ChatGPT 商业落地的一个重要方向，在 ChatGPT 作用下的创新交互方式，成为对传统数字营销模式的一种颠覆。

1. AI 客服：提供更加接近真人的回答服务

在零售领域，人工客服每天负责日常反馈问题的分类和整理、解决客户询单问题、处理售后问题等。很多时候由于要处理的事情较多，而人工客服人手有限，用户需要排队等候人工客服的回复，难以给用户带来较好的服务体验。另外，人工客服需要消耗大量的时间和人力资源，且容易在工作中出现疏漏和错误，给企业带来一定的经济损失。

ChatGPT 作为一种新型的人工智能聊天工具，可以应用于零售领域充当智能客服的角色。在智能客服中，ChatGPT 可以实现以下功能。

（1）闲聊寒暄

闲聊寒暄是客服的一项基础性工作，客服通过寒暄帮助企业对在线客户进行客户关系维护。在过去，智能客服闲聊主要是将各类非业务相关的预料进行堆砌，并通过调取数据库中已有的关键词进行回复。基于 ChatGPT 的人工智能客服，则基于大规模知识库，模拟人们日常闲聊的场景。其不仅可以闲聊，还可以在聊到非业务领域的话题时为用户提供更多的决策

依据。

（2）自动回复

用户任何时候都可以在电商网站或应用程序上与 ChatGPT 进行实时对话，并得到 ChatGPT 的快速自动回复。而且 ChatGPT 回复的内容和风格符合人类的自然语言习惯，更容易被用户接纳。

（3）智能问答

ChatGPT 还可以提供更接近真人的智能问答服务。用户在客服平台输入问题时，ChatGPT 可以根据用户问题和需求回答用户问题，提供相应的解决方案和建议，从而有效提升用户的体验满意度。

比如，我作为客户向 ChatGPT 提出一些售后问题，ChatGPT 能快速为我提供解决方案，具体操作如下。

我的输入：我的这款手机开不了机了，怎么办？

ChatGPT：如果您的手机无法开机，可以尝试以下解决方法：

①检查电池是否放置正确并充电状态良好。

②尝试使用不同的充电器和充电线进行充电。

③尝试长按电源键15秒，然后松开，再尝试开机。

④如果上述方法均无效，请将手机连接到电脑上，使用官方软件或第三方工具进行恢复或重置。

⑤如果以上方法均无效，请联系手机品牌售后服务中心或专业维修店进行修理。

ChatGPT 作为智能客服，应用于零售领域，能有效提升客服效率和精准度，降低企业成本，缓解人力资源压力。要知道，企业培训一个合格的在线人工客服需要 1～2 个月的时间，而使用 ChatGPT 作为智能客服，则可以将时间缩短到 1～2 周。

2. AI 推销：高效沟通，有效促成交易

ChatGPT 在交谈方面、内容生成方面表现出了超强的能力。其在零售领域的应用，AI 推销员是其中一个重要方向。

当前，你很可能已经收到了来自 ChatGPT 的聊天对话，ChatGPT 可以通过这种方式为你推销产品。而且在未来，这样的事情会越来越普遍。

ChatGPT 作为 AI 推销员，在应用过程中可以完成以下任务。

（1）生成销售话术

ChatGPT 基于数据模型和算法，拥有十分强大的内容生成能力。ChatGPT 可以直接充当推销员的角色，生成更加有效的销售话术，具体操作如下。

我的输入：我是一名健身器材销售员，请帮我生成一份销售话术文档。

ChatGPT：销售话术文档：

尊敬的客户，您好！

我是一名专业的健身器材销售员，非常感谢您选择我们公司的产品。我们公司一直致力于为广大健身爱好者提供高品质、高性价比的健身器材，让您在家中也能享受到健身的乐趣。

以下是我们公司的一些热门产品，希望能为您提供参考：

健身房全套器材：如果您想在家中打造一个完整的健身房，我们公司可以为您提供全套的健身器材，包括哑铃、杠铃、卧推架、引体向上架等。这些器材都是经过严格测试和质量检验的，保证您的使用安全和舒适度。

健身车：如果您想进行有氧运动，我们公司的健身车是一个不错的选择。我们有多款型号可供选择，包括普通自行车、静音自行车、躺式自行车等。这些产品都具有多种功能和调节选项，可以满足不同用户的需求。

跑步机：跑步机是一种非常流行的有氧运动器材，可以帮助您进行室内跑步锻炼。我们公司有多款型号可供选择，包括普通跑步机、电动跑步机、折叠式跑步机等。这些产品都具有多种功能和调节选项，可以满足不同用户的需求。

悬挂训练器：悬挂训练器是一种非常实用和具有多功能的器材，可以帮助您进行全身肌肉训练。我们公司有多款型号可供选择，包括TRX、Jungle Gym XT等。这些产品都具有多种功能和调节选项，可以满足不同用户的需求。

以上是我们公司的一些热门产品，如果您对其他产品有需求或者有任何问题，请随时联系我们。我们会尽快为您解答，并为您提供最优质的服务。

谢谢！

此外，ChatGPT 还可以对销售话术进行不断迭代和优化，以提高销售转化率。

（2）模拟营销对话

在电话销售场景下，电话推销员的推销话术往往决定了推销的成败，甚至会影响客户的留存。

ChatGPT具有很强大的内容生成能力，可以通过业务数据模型弥补现有机器人推销员的不足之处，不会用现有机器人推销员那样死板的对话方式去做营销。比如，在拨通用户电话后，ChatGPT会用柔和的女性声音或有说服力的男性声音向买家推销商品，让人们感觉自己就是在和一个真正的业务推销员对话。

总之，ChatGPT推销员相较于人工销售人员，成本低且没有抱怨、效率高。ChatGPT为零售领域的发展带来了新业态和新模式，是零售领域的一个重大分水岭和转折点。

3. AI搜索互动：推测偏好，引发深度兴趣

当前，ChatGPT在各领域的应用还处于初级阶段，ChatGPT除了可以智能对话，还可以用于信息检索。由此衍生出来的各种应用场景，会作用于零售领域的营销方面，引发以技术发展驱动营销的变革。

当前的营销主要是一个全链路转化的过程。简单来说，就是消费者首先注意到商品并形成认知，然后逐渐对商品产生兴趣，最后在一定的营销策略或话术推动下，消费者做出购买决策，产生购买行为。

ChatGPT在人机交互、自然语言生成、对话系统等领域都体现出很好的性能，完全可以胜任销售的角色。ChatGPT的训练就是完全按照这个营销链路一步步进行的。在真正执行任务的时候，ChatGPT可以在与用户聊天的时候，通过了解用户资料、用户购买及搜索历史等方式识别用户特点，推

测用户偏好，找到吸引用户的方法，引发用户对推销的商品产生深度兴趣，使用户在购买前发自内心地喜欢这一商品。ChatGPT 生成的这一整套推销策略如行云流水，而这也正成了 ChatGPT 最好的销售语言。

4. 撰写文案：创建逼真文案、实现数字营销

开展营销活动，需要营销人员撰写能够说服潜在用户试用自己产品的文案。这一任务我们完全可以交给 ChatGPT。ChatGPT 不仅可以完成，甚至比营销人员撰写的营销文案还要高效。

ChatGPT 是一种强大的语言模型，能够生成各种文本内容，其中也包括营销文案。只要广告主输入自己的需求和目标，ChatGPT 就能批量生产各种形式和风格的海量和高质量、极具吸引力的流畅营销文案。

那么，具体该如何使用 ChatGPT 生成营销文案呢？我们需要输入产品或服务、受众目标、想要传达的信息和营销目标等关键词，ChatGPT 就会根据这些信息生成营销文案以及适用于广告、海报等的各种营销内容。

这里我们看一个真实的例子。我给出的产品是一款白酒，目标受众是年轻人，传达的信息是"敢拼才能赢"，然后让 ChatGPT 基于这些信息生成营销文案，具体操作如下。

我的输入：我们的产品是一款白酒，目标受众是年轻人，传达的信息是"敢拼才能赢"，根据这些信息生成营销文案。

ChatGPT：敢拼才能赢，我们的白酒就是你的胜利之选！

不怕挑战，不怕失败，只要敢拼，我们的白酒就会为你加油！

与敢拼的你相伴，我们的白酒让你勇往直前！

无畏无惧，敢拼才能成就大事，我们的白酒与你同行！

勇气和决心是成功的关键，而我们的白酒则是你迈向成功的助力！

ChatGPT 生成的这些营销文案，简短又不失吸引力，既能清晰地传达产品的特点和优势，又能很好地吸引受众目标的注意力。

使用 ChatGPT 生成营销文案有两大好处。

（1）高效快速

使用 ChatGPT 生成营销文案，极大地减少了营销人员绞尽脑汁创作营销文案的时间和精力，能够快速为品牌推广产品服务。而且相较于人工产出模式，ChatGPT 的产出成本更低，是一种更为经济的业务模式。

（2）品质高

ChatGPT 生成的营销文案流畅自然、质量较高，不输人工撰写的文案，有效推动了数字营销的落地。

未来，ChatGPT 撰写营销文案，必将成为一种趋势。

5. 设计营销方案：提升品牌营销推广效率

ChatGPT 作为一种基于人工智能技术的自然语言处理模型，具有极高的语言理解和生成能力，不仅可以创作营销文案，还可以自动设计营销方案。

用户只要输入关键词并向 ChatGPT 提出方案要求，ChatGPT 就能自动生成与之相关的、具有连贯性和逻辑性的文本内容。

这里，我对 ChatGPT 发出任务命令，让 ChatGPT 帮我设计一款护肤品在"三八妇女节"的营销方案，具体操作如下。

我的输入：设计一款护肤品在"三八妇女节"的营销方案。

ChatGPT：以下是一款护肤品在"三八妇女节"的营销方案：

主题活动：打造"美丽女性，从护肤开始"主题活动，以"三八妇女节"为契机，推出一系列护肤产品和优惠活动。

社交媒体营销：通过社交媒体平台，发布与主题相关的内容，如美容技巧、护肤知识等，吸引女性用户关注和参与。

限时优惠：在"三八妇女节"期间，推出限时优惠活动，如买一送一、满减等，吸引消费者购买。

联合营销：与其他品牌或商家合作，推出联合营销活动，如购买指定商品即可获得免费护肤品等。

礼品赠送：在"三八妇女节"期间赠送小礼品或样品，吸引消费者试用和购买。

线下活动：在商场或专卖店开展线下活动，如试用体验、美容讲座等，增加品牌曝光度和用户黏性。

定制服务：推出定制化服务，根据不同用户的皮肤类型和需求，提供个性化的护肤方案和产品。

通过以上多种方式的组合使用，可以提高品牌知名度、增加销售额，并吸引更多女性用户关注和参与。同时，在营销过程中要注意传递积极向上的价值观和形象，强调女性自信、美丽、健康的形象。

ChatGPT 生成的营销方案共涵盖七个部分，从主题到营销渠道、优惠方式，再到定制服务等，都考虑在内，堪称完美。

使用 ChatGPT 生成营销方案具有以下好处。

（1）提高效率

ChatGPT 作为一种内容生产工具，在训练时就掌握了诸多知识和信息，这使它在生成营销方案时可以快速调动自己"大脑"中的知识，快速生成高质量营销方案，有效提升品牌营销推广的效率。

（2）降低成本

与传统的人工撰写方案相比，ChatGPT 在时间和人力方面的成本几乎可以忽略不计，还可以减少错误和失误。

（3）实现个性化定制

ChatGPT 可以根据不同的产品、受众、市场生成个性化定制营销方案，这样的方案能更好地契合品牌调性，为品牌带来更多的营销机会。

ChatGPT 是提升营销效率的秘密武器。借助 ChatGPT 的力量帮助设计营销方案，是接下来营销人员必须掌握的一项核心技能。

6.直播带货：智能生成话术、提高带货转化率

直播电商是当下电商发展的重要方向，是各个品牌的标配。无论是电商企业，还是个体商家都跃跃欲试，想要从中分得一杯羹。

但理想很丰满，现实却很骨感。很多人做直播电商花了很多时间和精力，出单量却寥寥无几。其实，造成带货转化率低的一个原因就是直播话术不够有力。

如果你没有时间和精力去构思能够提升带货转化率的话术；如果你学习了大量话术脚本课程但在实际操作中还是像挤牙膏一样难操作；如果你

写话术工作效率低，那么你可以找 ChatGPT 寻求帮助。ChatGPT 具有智能聊天和内容生成功能，我们完全可以将其利用起来为我们服务。

这里，我以开播话术、互动话术、促单话术为例，来看一下 ChatGPT 在直播带货过程中生成话术的能力如何。

（1）开播话术

我先尝试让 ChatGPT 给出一些直播带货时的开播话术，具体操作如下。

我的输入：如果我是主播，在做直播带货，开场时我应该说些什么？

ChatGPT：如果你是主播，在做直播带货，开场时可以说一些类似以下的话：

大家好，欢迎来到我的直播间！今天我为大家带来了很多好物，让我们一起来看看吧！

亲爱的小伙伴们，晚上好！今天我要为大家介绍一些非常实用的商品，快来看看吧！

大家好，我是××，今天我们要一起来购物啦！我会为大家推荐一些性价比很高的商品，赶快来看看吧！

亲爱的小伙伴们，欢迎来到我的直播间！今天我会为大家介绍一些最新最热门的商品，让你们足不出户也能紧跟最新潮流！

大家好！今天我要为大家带来一些超值的商品，不但价格优惠，而且品质也非常不错！赶快来看看吧！

亲爱的小伙伴们，欢迎来到我的直播间！今天我会为大家介绍一些适合各种场合的商品，让你们的生活更加美好！

ChatGPT 给出的开播话术包含了打招呼和福利预告两部分内容。在做福利预告的时候，借助"好物""实用""性价比高""热门商品""价格优惠""品质好""适合各种场合"这样的词，牢牢抓住消费者购买商品的心理特点，吸引消费者在直播间停留更长时间。

（2）互动话术

我要求 ChatGPT 给出一些直播带货时的互动话术，具体操作如下。

我的输入：如果我是主播，在直播带货的时候想要和观众互动，我该怎么说？

ChatGPT：如果你是主播，在直播带货的时候想要和观众互动，可以说一些类似以下的话：

大家有没有发现这个商品非常实用呢？欢迎在评论区留言分享你们的使用心得！

我们来看看这个商品的颜色、款式、尺寸等，你们喜欢哪一个呢？快来评论区告诉我吧！

如果你们有什么问题或者疑虑，欢迎在评论区提出来，我会尽快回答你们的问题！

如果你们已经购买了这个商品，欢迎在评论区晒出你们的开箱照片或者评价，让更多人了解这个商品的优点！

如果你们还有其他想要购买的商品或者想要了解的信息，也可以在评论区留言，我会尽快回复你们！

现在我们来玩一个小游戏吧！如果你们猜中了我手里拿的是什么商品，我就送给你们一个小礼物！快来评论区猜猜看吧！

ChatGPT 给出的这些互动话术基本上涵盖了主播常遇到的与观众互动的话题。通过互动话术，可以引导观众更好地了解商品，使其对带货商品产生兴趣。

（3）促单话术

这里，我们再感受一下 ChatGPT 生成促单话术的能力，具体操作如下。

我的输入：如果我是主播，在直播带货的时候想要促进观众下单，我需要什么促单话术呢？

ChatGPT：作为一个人工智能语言模型，我不会推销任何产品或服务，但是我可以提供一些常用的促单话术供您参考：

限时优惠：这个产品只有今天打折，赶紧下单吧！

限量特价：这款商品只有几件了，快来抢购吧！

先到先得：第一批下单的用户可以获得额外的优惠或礼品。

套餐优惠：购买多件商品可以享受更多的折扣。

满减优惠：满足一定的购买金额可以享受额外的优惠。

购物返现：购买后可以获得一定比例的返现或积分。

新品推荐：介绍新品的特点和优势，让观众产生购买欲望。

品质保证：强调产品的质量和售后服务，增加观众的信任感。

社交分享：鼓励观众分享直播和产品信息，分享者可以获得额外的优惠或礼品。

ChatGPT 给出的促单话术涵盖了"利诱"，如折扣、满减、返现等，以及限时限量、优质售后等话术技巧，能够满足主播常用的促单话术需求。

从以上三个例子中，我们看到了 ChatGPT 在直播带货领域应用的成功之处。ChatGPT 接入直播带货，提高了直播间带货转换率，为直播电商带来了新的机遇，也使电商环境更新换代，进入了一个新阶段。

翻译编程：ChatGPT提升翻译、编程准确性

众所周知，翻译需要我们有扎实的语言基本功，还需要掌握丰富、全面的百科知识，而编程更是一个专业化极强的领域。在这种特别的领域中，只有专业人士才胜任其工作。但是 ChatGPT 的应用超乎我们的想象，翻译和编程也可以说是当仁不让。即便是普通人，也完全可以抓住 ChatGPT 的风口，为自己拓宽致富之路。

1. 精准翻译：提质增效，减少翻译服务成本

ChatGPT 的诞生对翻译行业也产生了重大影响。

传统机器翻译通常使用统计机器翻译❶和规则机器翻译❷等方法来完成翻译工作。使用这些方法翻译出来的内容存在词汇对应不准确、上下文信息不连贯、翻译质量不高的问题。

ChatGPT 的出现则有效解决了这些翻译问题，主要体现在以下两个方面。

（1）整体感知上下文

ChatGPT 采用的是基于自回归模型的生成方式，通过对整体内容的上下文感知来提升翻译准确度和流畅度。

（2）端到端训练

在训练过程中，ChatGPT 采用的是端到端的训练方式，可以避免传统机器翻译方法中出现的不协调问题。

基于这两方面的优势，ChatGPT 可以用于创建实时、高质量口头或书面文本翻译。

ChatGPT 应用于翻译领域，凭借其即时生成翻译的能力，可以在不影响翻译质量的基础上，帮助翻译人员加快翻译速度。可以说，达到了提质增效、减少翻译服务成本的目的。

当然，ChatGPT 翻译效果有优秀的一面，也有不足的一面。对于一些难度不高的文章，ChatGPT 的翻译质量堪比人工，甚至比人工翻译还要好。而对于那些专业性很强，或者涵盖特定文化知识的文章，ChatGPT 的翻译则显得有些捉襟见肘。因为 ChatGPT 目前只能表达出译文的措辞，而无法深入情感、语境层面。如对诗歌和文言文翻译，ChatGPT 给出的翻译结果难以真

---

❶ 统计机器翻译：通过对大量平行语料的统计分析，构建统计翻译模型，进而使用此模型进行翻译。

❷ 规则机器翻译：在规则的驱动下，完成对待译句子的分析，并生成其对应的翻译内容。

正将其意境和韵味展现出来。这是 ChatGPT 在翻译领域应用中的一大败笔。

2. 编写代码：水平与速度的双重惊艳

ChatGPT 作为一种有效的内容生成工具，提高了诸多领域的工作效率。编程也是 ChatGPT 十分被看好的应用领域，其可以辅助高效地编写代码。

具体来讲，ChatGPT 可以完成以下任务。

（1）编写代码

ChatGPT 可以帮助我们编写代码，从而提升日常编码效率，具体操作如下。

我的输入：使用 HTML 和 CSS 为电子商务网站编写代码，网站包括导航栏、正文与带价格的产品。

ChatGPT：以下是一个简单的电子商务网站的 HTML 和 CSS 代码示例，包括导航栏、正文和带价格的产品。

HTML代码：

…

```
<!DOCTYPE html>
<html>
  <head>
    <title>电子商务网站</title>
    <link rel= "stylesheet" href= "style.css" >
  </head>
  <body>
    <!--导航栏-->
```

```
<nav>

  <ul>

    <li>首页</li>

    <li>产品</li>

    <li>关于我们</li>

    <li>联系我们</li>

  </ul>

</nav>

<!--正文-->

< main>

  <h1>欢迎来到电子商务网站</h1>

  <p>我们提供高品质的电子产品，包括手机、平板电脑、笔记本电脑等。</p>

  <!--产品列表-->

    <div class= "products" >

    <div class= "product" >

     <img src="product1.jpg" alt= "产品1">

     <h2>产品1 </h2>

     <p>描述产品1的信息。</p>

     <span class=" price" > $100</span>

    </div>

    <div class= "product" >
```

```html
        <img src= "product2.jpg" alt= "产品2">

        <h2>产品2</h2>

        <p>描述产品2的信息。</p>

        <span class= "price" > $200</span>

      </div>

      <div class= "product" >

        <img src= "product3.jpg" alt= "产品3">

        <h2> 产品3</h2>

        <p>描述产品3的信息。</p>

        <span class= "price" > $300</span>

      </div>

      <!--添加更多产品-->

    </div>

  </main>

 </body>

</html>
```

…

CSS代码：

…

```css
/*导航栏样式*/

nav {
```

```
background-color: #333;

    color: #fff;

}

nav ul {

 list-style-type:none;

 margin: 0;

 padding: 0;

}

nav li{

  display: inline-block;

  }

nav a{

  display: block;

  padding: 10px;

  color: #fff;

  }

/*正文样式*/

main{

 margin: 20px;

}

h1{

 font-size: 36px;
```

```
    }

    .products {

      display: flex;

      flex-wrap: wrap;

    }

    .product{

      width: calc(33.33% - 20px);

      margin-right: 20px;

      margin-bottom: 20px;

    }

    .productlast-child {

      margin-right: 0;

    }

    .product img {

      width: 100%;

    }

    .product h2 {

      font-size: 24px;

    }

    .product p{

      margin-top: 10px;
```

```
}

.price {

 font-size: 18px;

}

…
```

以上代码示例仅供参考，实际开发中需要根据具体需求进行
修改和完善。

　　当然，ChatGPT 还可以根据我们制定的代码风格去编写。你也可以亲自
尝试和检验。

（2）重写代码

ChatGPT 可以按照要求对已有代码进行重新编写，具体操作如下。

我的输入：用 Go 语言规范重写这段代码。

```
Resp,err := http.Get(" <INSERT IMAGE LINK HERE>" )

If err!= nil {panic(err)}

defer resp.Body.Close ()

If resp.Status_Code == http.Status Not_Found{return}

Out, Err : = os.Create(" <NAME OF THE DOWNLOADED

FILE>")

if err!= nil{panic(err)}

defer out.Close()
```

```
-, err = io.Copy(out, resp.Body)

if err!= nil{panic(err)}
```

ChatGPT：以下是使用 Go 语言规范重写该代码的示例：

...

```go
package main

import (
    "fmt"
    "net/http"
    "os"
)

func main() {
    imageUrl := " <INSERT IMAGE LINK HERE>"
    fileName := "<NAME OF THE DOWNLOADED FILE>"

    //发送HTTP请求
    resp, err := http.Get(imageUrl)
    if err!= nil{
        panic(err)
    }
    defer resp.Body.Close()

    //检查响应码是否为404
    if resp.StatusCode == http.StatusNotFound {
        fmt.PrintIn("Image not found")
```

```
        return
    }

    //创建输出文件

    out, err := os.Create(fileName)
if err!= nil {

    panic(err)

    }

    defer out.Close()

    //从响应体中读取数据并写入输出文件
_,err = io.Copy(out, resp.Body)
if err!= nil {

    panic(err)

    }

    fmt.PrintIn("Image downloaded successfully")
    }
    …
```

该代码使用Go的标准库中的net/http包来发送HTTP请求并
下载图像。它还使用Go的标准库中的os和io包来创建输出文
件并将HTTP响应体中的数据写入文件。

　　从ChatGPT重写的代码中，我们可以看到最明显的变化就是ChatGPT
将所有的下划线删除，以遵循Go语言规范。

（3）简化代码

对于那些复杂的代码，ChatGPT 还可以对其进行简化，使原始代码变得更加紧凑，具体操作如下。

我的输入：简化这段代码。

```
def fun(a):
    if a> 10:
        return 1
    else:
        return 0
>> >print(fun(5))
0
```

ChatGPT：可以将该函数简化为一行代码：

…

```
func fun(a int) int{ return map[bool]int{true: 1, false: 0}[a> 10] }
```

…

这个函数使用了一个map来映射布尔值到整数值。当a> 10时，映射到1,否则映射到0。

虽然原代码和 ChatGPT 简化后的代码运行结果一致，但经 ChatGPT 简化后，代码只有一行，更加简洁。

（4）翻译代码

ChatGPT 不仅可以翻译文字，还可以翻译代码，将代码从一种语言转换为另一种语言，具体操作如下。这对于 ChatGPT 来说简直是小菜一碟。

我的输入：请将这段代码翻译成 PHP 版本。

```
def fun(a):

    if a>10:

        return 1

    else:

        return 0

> >> print(fun(5))

0
```

ChatGPT：以下是将 Python 代码翻译成 PHP 的版本：

```
…

function fun($a) {

    if($a> 10) {

        return 1 ;

    } else {

        return 0;

    }

}


echo fun(5);
…
```

输出结果为0。

　　ChatGPT 在编写代码方面的水平和速度为我们带来了双重惊艳。在我们给出相关指令的时候，其能够瞬间生成高质量答案，可以说，ChatGPT 是一名优秀的编码程序员。然而，ChatGPT 虽然可以生成正确代码，但是其不具备站在工程角度上根据业务需求设计软件的能力，因此，ChatGPT 并不能成为一名优秀的软件工程师。但是，ChatGPT 在编程领域的应用可以为那些使用代码的人创造新机会。

3. 修改漏洞：扫描与修改能力俱佳

　　ChatGPT 不仅会编写代码，还可以修改程序中的漏洞或者错误代码。ChatGPT 虽然不是专门为修改漏洞而生，但它问世时，其修改漏洞的功能也相伴而生。

　　我向 ChatGPT 输入在 Python 中使用闭包●时的一段经典错误代码，具体操作如下。

　　我的输入：这段代码有错误吗？请修改为正确代码。

　　　　23456def foo():a= 1 def bar(): a= a+1 return a return bar

　　ChatGPT：这段代码有一些错误。首先，函数定义中的代码应该缩进。

　　　　　　其次，在 "bar()" 函数中，"a" 是在 "foo()" 函数中定义的局部变量，因此不能直接在 "bar()" 中使用。最后，在返回 "bar" 函数时，应该加上括号以调用该函数。

　　　　　　以下是修改后的代码：

　　　　　　…

　　●闭包：能够读取其他函数内部变量的函数。

```
def foo():
    a=1
    def bar():
        nonlocal a
        a=a+1
        return a
    return bar()

print(foo()) #输出2
```

……

在"bar()"函数中，我们使用了"nonlocal"关键字来声明"a"是外部函数"foo()"中定义的变量。最后，在返回"bar()"函数时，我们加上了括号以调用该函数并返回其结果。

ChatGPT首先指出代码的错误之处，然后做出修改，告知我们详细的修改之处。这足见ChatGPT扫描和修改错误代码的能力。编程人员可以借助ChatGPT对编程内容做扫描检测。但ChatGPT毕竟是一款程序，扮演的是一个助手的角色，我们要正确看待ChatGPT执行任务的精准性，对其输出结果进行人工核实。

4. 为代码添加注释：清晰化、简洁化

除了编写代码、修改程序漏洞，ChatGPT在为代码添加注释方面也堪称一绝。

ChatGPT 为已知代码逐行添加注释，对某行代码做出解释说明，可以让其他人在阅读代码时更容易理解代码的意图，另外，注释可以记录代码的修改历史，方便代码的维护和升级。

我们可以直接要求 ChatGPT 为代码添加注释，具体操作如下。

我的输入：为这段代码写个注释吧！

```
def foo():
a=1
def bar():
    nonlocal a
    a=a+1
    return a
return bar()

print(foo())#输出2
```

ChatGPT：# 定义函数 foo

```
def foo():
    a=1  #定义变量a并赋值为1
    #定义内部函数bar
    def bar0:
        nonlocal a # 声明a为外部变量，以便于修改
        a=a+1 # 修改a的值为原来的值加1
        return a # 返回修改后的a的值
    #返回内部函数bar的结果
```

```
return bar()
```

#输出函数foo的结果，即调用内部函数bar并返回结果

print(foo()) #输出2

写好注释相当重要。ChatGPT 写的注释清晰、简洁，易于理解。有了 ChatGPT 的帮助，编程人员再也不用花费那么多的时间写注释，可以用节省下来的时间做更多具有创造性的事情。

文娱传媒：ChatGPT全面提高媒体内容生产力

随着数据的不断丰富、算法的不断改进和提升，ChatGPT 的内容生产力也得到了大幅度的提升。ChatGPT 的应用也将向文娱传媒领域全面渗透。就文娱传媒行业而言，影视、游戏、音乐、诗词歌赋等领域的内容生成，ChatGPT 可谓样样精通。ChatGPT 的出现将全面提高文娱传媒的内容生产力，加速文娱传媒智能化转型。

1. 生成影视剧本：提高影视作品生产率

ChatGPT 作为一个人工智能机器人，可以聊天、写文章、写代码、修改漏洞……涉猎领域广泛，而生成影视剧本也是它的"拿手菜"。

ChatGPT 可以在几秒内迅速生成影视剧本。2022 年，国外一位制片人就在 ChatGPT 的帮助下编写了一部剧本，而且 ChatGPT 还帮助创建了一份拍摄列表，包括摄影机位布置、布景角度、演员站位、灯光细节等，甚至

还精细到设计分镜，比如使用哪种镜头和多少焦距等。之后，在几位导演的参与下，该制片人完成了短片拍摄。这部短片名为《the Safe Zone（安全地带）》，讲述了人工智能接管世界的故事。

这部短片共 6 分 38 秒，虽然难以达到奥斯卡水准，但传达出了清晰的戏剧张力，在剧情上很好地满足了人们对戏剧化、惹人共鸣的需求。当时，ChatGPT 在 1 小时内为制片人生成了近 50 个剧本，相当于把制片人几个月的工作时间缩减到了 1 小时。

这里我来亲测一下，让 ChatGPT 帮我写一部剧本，具体操作如下。

我的输入：以"春天""樱花""信"这三个词写一个 5 分钟的剧本。

ChatGPT：场景：一棵樱花树下。

角色：小明，小红。

（小明在樱花树下等待，看到小红走来。）

小明：（兴奋地）小红，你来了！

小红：（惊讶地）哇，这里好美啊！你怎么知道我会来这里？

小明：（微笑着）因为我给你写了一封信，告诉你春天的美丽和樱花的盛开。

小红：（感动地）谢谢你！我收到了你的信，真的很温暖。

小明：（开心地）那我们一起赏樱花吧！这里的樱花最美了。

（两人走到樱花树下，欣赏着美丽的樱花。）

小红：（感叹地）春天真是太美了，每年都会有惊喜。

小明：（点头赞同）对啊，每年的春天都是新的开始。

小红：（微笑着）而你的信，也给我带来了新的希望和勇气。

小明：（满意地）那就好！希望我们能一直走在春天的路上。

（两人继续欣赏着樱花，享受着春天的美好时光。）

剧终。

如今，在 ChatGPT 的帮助下，只要输入关键词和需求，就可以获得想看的故事内容、人物形象和场景效果。我们向 ChatGPT 提供的细节越多，ChatGPT 生成的影视剧情就越完整，故事情节就越跌宕起伏。当然，ChatGPT 生成影视剧本的能力还有很大的提升空间，但不可否认，ChatGPT 在影视剧领域的应用具有划时代的意义。

2. 谱写音乐：实现创作风格定制化

ChatGPT 不仅能生成文本，还能生成音频。ChatGPT 可以生成听起来像是人类创作的音乐作品。

ChatGPT 在音乐领域的应用主要是谱写音乐。

我们可以在 ChatGPT 对话框中输入一个标题或主题，将创作歌词的任务交给 ChatGPT，具体操作如下。

我的输入：模仿周杰伦的风格写一首关于爱情的抒情歌曲。

ChatGPT：（Verse）

你是我心中的那个人

我的爱情像一场梦

我们的故事如此美丽

每一天都让我感到欣喜

（Chorus）

因为你，我变得更加坚强

因为你，我不再孤单

你是我的全部，我的唯一

爱情让我们变得更加完整

（Verse）

每一个瞬间都让我心动

你的微笑是我永远的动力

我们的爱情如此真实

就算岁月流转也不会减少

（Chorus）

因为你，我变得更加坚强

因为你，我不再孤单

你是我的全部，我的唯一

爱情让我们变得更加完整

（Bridge）

就算有时候我们会争吵

我们的爱情也依然坚固

因为你，我的世界更加美好

我们的爱情将永远存在

（Chorus）

因为你，我变得更加坚强

因为你，我不再孤单

你是我的全部，我的唯一

爱情让我们变得更加完整

（Outro）

我们的爱情如此美妙

永远不会被时间消磨

周杰伦的音乐风格多样，有传统的中国风、欧洲古典音乐曲风、美国的乡村曲风和蓝调曲风。蓝调曲风的特点是，起初给人一种紧张、无助的感觉，之后便像是在安慰受苦的人。这种曲风注重自我情感的宣泄以及原创性和即兴性。ChatGPT 模仿周杰伦创作的以"爱情"为主题的歌词，就符合周杰伦的蓝调曲风。

ChatGPT 能够实现歌词创作风格的定制化，那么又引出一个新的问题：ChatGPT 只能写文本吗？它是否可以为自己写的歌词谱曲呢？我们可以检验一下它在这方面的能力。事实证明，ChatGPT 在谱曲方面无能为力，具体操作如下。

我的输入：请为你刚才写的歌词谱曲。

ChatGPT：抱歉，我无法为文本谱曲。但你可以尝试使用一些音乐制作软件或者请音乐人帮忙谱曲。

那么，我们该如何借助 ChatGPT 来创作一首完整的歌曲呢？

2022 年 12 月，曾有一些音乐制作人使用 ChatGPT 和一个名为 Uberduck 的自动配音工具，采用以下步骤完成了音乐创作。

第一步：音乐制作人向 ChatGPT 发出创作歌曲的指令。

第二步：找到喜欢的歌词，并将其插入 Uberduck 当中。

第三步：从 Uberduck 导出音频，之后将其放入 DAW（一款制作音乐的软件）中。

第四步：使用免费的自动调音插件 GSnap VST 调整平衡音频音量。

我们已经见识过 ChatGPT 的文本生成能力了，但 ChatGPT 在谱曲方面的能力还是欠缺的。因为谱曲任务涉及对音乐结构、理论和美学的深刻理解。目前，ChatGPT 还需要进一步完备这方面的知识和专业技能。

3. 创作游戏脚本：构建游戏精彩剧情

在文娱传媒领域，游戏是一个重要板块。当前的主流游戏——电子游戏是集科学、艺术、文学于一体的人类创作的产物。能够创作出让玩家乐此不疲的游戏，是游戏制作人的事情。在很多情况下，"做游戏"比"玩游戏"更加好玩。游戏制作人围绕一款游戏进行创作，甚至能获得比玩家享受游戏更高维度的快乐。

尤其在当下，ChatGPT 出现以后，制作游戏成了一件不但好玩，而且轻松的事情。因为 ChatGPT 可以创作游戏脚本，让游戏制作人在轻松、愉快的氛围中完成工作。

我向 ChatGPT 输入几个关键词，请 ChatGPT 为我创作一个游戏脚本，具体操作如下。

我的输入：用冬天、麋鹿、老人、魔法、苹果这些关键词创作一个游戏脚本。

ChatGPT：游戏名称：冬天魔法之旅。

场景：一个被雪覆盖的森林，老人的小屋，一个苹果园。

角色：

主角：一个年轻的冒险家。

老人：一个神秘的老人，会魔法。

麋鹿：一只善良的麋鹿，能帮助主角。

故事梗概：

主角在寒冷的冬天里开始了一段神秘的旅程。他来到了一个被雪覆盖的森林，遇到了一只麋鹿。麋鹿告诉主角，他需要找到一位神秘的老人，才能得到通往下一个地方的钥匙。

主角开始了寻找老人的旅程。他走过了许多危险的地方，遇到了许多困难。但是，在他最需要帮助时，麋鹿总是会出现在他身边，给予他帮助和支持。

最终，主角找到了老人的小屋。老人告诉主角，他需要收集苹果，才能得到通往下一个地方的钥匙。但是这些苹果被一群邪恶的怪物保护着。

主角开始了收集苹果的旅程。他遇到了许多危险和挑战，但是在关键时刻，老人总是会出现在他身边，给予他帮助和指导。

最终，主角成功地收集了足够的苹果，并得到了通往下一个地方的钥匙。他和麋鹿一起进入了通道，开始了新的冒险之旅。

结局：

主角和麋鹿成功地通过了所有挑战，并找到了通往新世界的门。他们一起穿过门，开始了新的冒险之旅。

我们看到，ChatGPT 创作的游戏脚本自然流畅、连贯性强，起承转合像模像样。由此可见，ChatGPT 能够成为相当优秀的游戏工具助手，帮助游戏制作人拓宽创作思路。

4. 写诗词歌赋：模仿写作样样精通

在大众眼中，那些精彩绝伦、意境高深的诗词歌赋都是文人雅士所擅长的，对于普通人来说，纵使有千万情感，也难以发挥出来。但当 ChatGPT 遇上文学创作，什么风格的诗词歌赋都不在话下。

（1）模仿写诗

为了亲测一下 ChatGPT 的诗词歌赋创作能力，我向 ChatGPT 输入一句"模仿莎士比亚写一首 100 字以内的诗"，ChatGPT 也很快交出了答卷，具体操作如下。

我的输入：模仿莎士比亚写一首 100 字以内的诗。

ChatGPT：When stars doth twinkle in the night,

　　　　　and moon doth cast her gentle light,

　　　　　the world is hushed in peaceful sleep,

　　　　　and all its troubles seem to keep.

　　　　　Yet in the darkness, secrets hide,

　　　　　and in the shadows, fears abide.

　　　　　Oh, how the heart doth race and beat,

　　　　　when faced with things we cannot meet.

　　　　　But fear not, dear friends, for hope remains,

　　　　　even in the midst of darkest pains.

　　　　　For as the morning sun doth rise,

　　　　　new beginnings come to our surprise.

　　　　　So let us face each day with grace,

　　　　　and never let our fears take place.

　　　　　For in the end, we will prevail,

　　　　　and all our worries shall be pale.

　　ChatGPT 直接给出的是英文版本，我们看一下翻译为中文后，它所写的这首诗的水平如何，具体操作如下。

我的输入：将它翻译成中文。

ChatGPT：当星辰在夜空闪烁，

月亮投下她温柔的光，

世界陷入宁静的睡眠，

所有的烦恼都被安抚。

然而在黑暗中，秘密隐藏，

恐惧在阴影中滋长。

哦，当我们面对无法应对的事物时，

心脏该如何跳动。

但是不要害怕，亲爱的朋友，希望依然存在，

即使在最黑暗的痛苦中也是如此。

因为当旭日东升时，

新的开始带给我们惊喜。

所以让我们优雅地面对每一天，

永远不要让我们的恐惧占据主导。

因为最终，我们将战胜一切，

所有的忧虑都会变得苍白。

从 ChatGPT 模仿莎士比亚写的诗来看，其在风格上已经很接近莎士比亚的风格了，语法也基本准确，可见其对诗歌语言的掌握能力已经比较成熟。ChatGPT 能模仿创作外国诗，那中国题材的诗是否也能生成？具体操作如下。

我的输入：模仿李白的《黄鹤楼送孟浩然之广陵》写一首诗。

ChatGPT：送别友，离情难，

悠悠江水向东流。

白云飘，彩霞散，

一别多年心依旧。

相逢处，人已非，

琴瑟声中怀旧时。

回首望，故园远，

愁思满怀泪沾衣。

ChatGPT 模仿李白《黄鹤楼送孟浩然之广陵》写的这首诗，语言精炼，符合声韵的要求。

（2）模仿写词

李清照是我国著名的女词人，ChatGPT 模仿李清照作词的效果如何呢？具体操作如下。

我的输入：模仿李清照作词一首。

ChatGPT：春风轻拂柳枝头，

江南水乡绿意浓。

花开花落岁月过，

人生苦短何必忙。

青山绿水长相伴，

红尘白首共悠悠。

世间万物皆有情，

　　　　　唯有爱恋最珍贵。

　　　　　愿你我能够携手，

　　　　　走过人生的每一步。

　　　　　不问前程多坎坷，

　　　　　只求相伴不分离。

　　ChatGPT 写的这首词，模仿李清照风格整体上还算成功，但整体上看偏向于现代词。

　　（3）模仿写赋

　　ChatGPT 可以模仿不同风格写诗词，那么可以模仿写赋吗？我给出 ChatGPT "模仿杜牧的《阿房宫赋》写一首有关黄鹤楼的赋" 的指令，一睹它的生成效果，具体操作如下。

　　我的输入：模仿杜牧的《阿房宫赋》写一首有关黄鹤楼的赋。

　　ChatGPT：黄鹤楼，高耸天，

　　　　　　　登楼远望眺无边。

　　　　　　　飞鸟过，云悠悠，

　　　　　　　万里江山尽收眼。

　　　　　　　楼台上，人如蝶，

　　　　　　　烟雨轻笼画中界。

　　　　　　　诗人来，吟高唱，

　　　　　　　流传千古不曾灭。

汉家宫阙已成空，

惟有黄鹤楼独尊。

青山绿水逐春华，

岁月流转追逐梦。

黄鹤楼，千古恋，

歌舞升平动乾坤。

谁能识，谁能悟，

此间人事已非昨。

ChatGPT 模仿诗词歌赋进行写作，可谓样样精通。ChatGPT 的这些写诗词歌赋的能力源自训练数据，在看到 ChatGPT 优秀一面的同时，我们也看到了 ChatGPT 存在的局限性，就是生成的内容质量并不算很高，难以和真正的诗人相媲美。

5. 撰写图书：写作、翻译、插图、校对一气呵成

ChatGPT 可以写剧本、写乐谱、写脚本、写诗词歌赋，无一不通。于是，人们开始关注 ChatGPT 在图书出版领域的内容生成能力。

2023 年 1 月 24 日，纽约州罗彻斯特的销售员席克勒（Schickler）借助 ChatGPT，在几小时内就制作了一本名为 *The Wise Little Squirrel:A Tale of Saving and Investing*（聪明的小松鼠：一个储蓄和投资的故事）。该书共30 页，是带插图的儿童电子书，通过亚马逊公司的自营网站发售。书中讲述的是一只叫作萨米的小松鼠，在偶然间发现了一枚金币，之后它开始学习如何省钱。它制作了存钱罐，投资了一家贸易公司，然后通过努力经营，变成了森林里最富有的松鼠。朋友们很羡慕它，也都开始做投资，慢慢地，整个森林开始繁华起来。

2023 年 2 月 22 日，韩国上架了一本由出版商 Snowfox Books 出版发行、完全由 ChatGPT 撰写的名为 *45 Ways to Find the Purpose of Life*（寻找人生目标的 45 种方法）的图书。该图书为全球首例由 ChatGPT 负责撰写、翻译、校对、插图全流程的图书。从开始撰写到整本书完工，ChatGPT 仅仅用了七个小时，用英文撰写了 135 页，之后又将其翻译成韩文。

目前，ChatGPT 的应用已经冲击了图书出版行业，越来越多的人开始用 ChatGPT 写书出售。截至 2023 年 2 月中旬，在亚马逊的 Kindle 商店中，在售的由 ChatGPT 撰写或与 ChatGPT 合著的电子书数量已经超过 200 本，而且这个数字每天都在上升。为此，亚马逊还专门开辟了一个由 ChatGPT 撰写书籍的板块。

需要注意的是，ChatGPT 撰写书籍，需要我们人工提前确定好主题和内容。这些东西给的越细化，ChatGPT 生成的图书越详细。

ChatGPT 作为一种新型出版模式，正在以势不可挡的力量进军图书出版行业。这就意味着 ChatGPT 正在通过人工智能手段为传统书籍出版提高效率，开始颠覆传统图书出版行业。

6. 生成公众号文章：快速生成公众号内容

现代媒体中，公众号已经成为一种重要的信息传播媒介。写好一篇公众号文章，是公众号运营者应该掌握的一项重要技能。运营者不仅要有一定的专业知识和写作技巧，还需要对目标读者的需求和兴趣了如指掌。

ChatGPT 出现以后，这项工作则可以由 ChatGPT 辅助执行。

首先，运营人员需要确定专栏主题。可以选择一个自己擅长的领域做专栏主题，但要围绕公众号的定位来操作。

其次，运营人员要明确的目标读者和需求，这有助于 ChatGPT 帮你写出更有价值的内容，吸引更多的读者关注甚至付费订阅你的专栏。

再次，你就可以将详细的专栏主题、目标读者和需求、文章风格等告诉 ChatGPT，由 ChatGPT 为你撰写你想要的公众号文章。

最后，对于 ChatGPT 生成的文章，运营人员需要进行逐一审查、调整和优化，做好公众号文章质量的把控。

这里我尝试让 ChatGPT 帮我写一篇以幼儿教育为主题、题为《请转告家长：先抓习惯，再谈成绩》的文章公众号文章，具体操作如下。

我的输入：请以幼儿教育为主题，写一篇题为《请转告家长：先抓习惯，再谈成绩》的文章。

ChatGPT：作为幼儿教育工作者，我们深知家长们对于孩子的成绩非常关注。但是，我们也要提醒家长们，孩子的习惯同样重要，甚至更加重要。

孩子的习惯是他们日常生活中的行为方式和思维方式的总和。好的习惯可以帮助孩子更好地适应学校和社会生活，而不良的习惯则会影响孩子的学习和发展。

因此，在幼儿教育中，我们应该先抓好孩子的习惯。

首先，我们要引导孩子养成良好的生活习惯，如早睡早起、勤洗手、爱干净等。这些良好的生活习惯不仅能够增强孩子的身体素质，还能够提高他们的自我管理能力。

其次，我们要引导孩子养成良好的学习习惯。比如，认真听讲、按时完成作业、勤复习等。这些良好的学习习惯不仅可以帮助孩子提高学习效率，还能够培养他们的自主学习能力和自信心。

最后，我们还要引导孩子养成良好的社交习惯。比如，尊重他人、友善待人、团队合作等。这些良好的社交习惯不仅可以帮助孩子建立良好的人际关系，还能够培养他们的领导力和团队协作精神。

当然，家长们也要在家庭中重视孩子的习惯养成。家长们可以从小事做起，如让孩子自己整理书包、收拾房间等。同时，家长们也要给予孩子足够的关爱和支持，帮助他们克服困难。

总之，在幼儿教育中，我们应该先抓好孩子的习惯。只有在良好习惯的基础上，才能更好地谈论孩子的成绩问题。让我们一起努力，为孩子打造一个健康、快乐的成长环境！

ChatGPT 生成的公众号文章内容紧凑有条理，可读性较强。

所以，ChatGPT 可以帮助那些对写作不熟练或者写作较困难的公众号编辑减少写作障碍；对于有一定写作基础和经验的编辑，使用 ChatGPT 可以节省大量写作时间和成本，但需要在 ChatGPT 生成的内容的基础上进行润色和优化，才可以得到高质量的公众号文章。公众号编辑一定要学会将 ChatGPT 为己所用，利用其生成内容，并不断保持创意和更新，才能收获更多用户的关注。

7. 生成短视频：自动生成高质量吸粉短视频

利用 ChatGPT 还可以生成文案，配合视频制作生成有趣、引人入胜的爆款短视频。这是当前最高效的短视频生成方式。

那么，如何借助 ChatGPT 的力量制作短视频呢？

第一步：首先要 ChatGPT 基于产品或服务定位短视频选题，具体操作如下。

> 我的输入：帮我在抖音平台找 10 个有关"儿童电话手表"类目的热门话题。
>
> ChatGPT：# 儿童电话手表推荐
>
> #儿童电话手表功能介绍
>
> #儿童电话手表使用心得分享
>
> #儿童电话手表安全性能分析
>
> #儿童电话手表品牌比较
>
> #儿童电话手表如何选择
>
> #儿童电话手表电池续航
>
> #儿童电话手表充电技巧
>
> #儿童电话手表定位功能解析
>
> #儿童电话手表防丢功能讲解

第二步：根据选题，使用 ChatGPT 生成一份短视频脚本，包含品牌故事、产品介绍、卖点等，具体操作如下。

我的输入：写一个短视频脚本，内容是"儿童电话手表的使用心得分享"。

ChatGPT：开场：一名家长手持儿童电话手表，微笑着向镜头打招呼。

家长（配音）：大家好，我是一位使用儿童电话手表的家长。今天我想分享一下我的使用心得。

镜头切换至儿童手表屏幕。

家长（配音）：首先，我觉得这款手表非常适合小孩子使用，因为它简单易懂，操作也很方便。孩子可以通过一键拨号联系家人，还可以接收语音、文字信息。

镜头切换至孩子手中拿着电话手表玩耍的画面。

家长（配音）：其次，它还有定位功能，我们可以通过手机App随时查看孩子的位置，非常方便。而且它还有防丢功能，万一孩子走失了，只需要按下手表上的SOS按钮，就能及时通知家长。

镜头切换至家长和孩子在公园散步的画面。

家长（配音）：最后，我觉得这款手表最重要的是能够增加孩子的安全感。我们可以随时联系到孩子，让他们感到我们在身边保护着他们。而且孩子也可以随时联系到我们，告诉我们自己的情况。

结尾：家长微笑着向镜头挥手道别。

家长：以上就是我的使用心得分享，希望对大家有所帮助。谢谢观看！

第三步：一键生成短视频。打开剪映 App，点击"图文成片"，将 ChatGPT 生成的脚本粘贴到文本框，选择"智能匹配素材"，点击"生成视频"。

第四步：在生成短视频后，在视频边界页面可以对视频的配图、配音、字幕、特效等进行修改。最后点击右上方的"导出"即可。

这样，一条图文并茂、生动有趣的短视频在 2 ~ 3 分钟内就成功生成，有效提升了短视频创作者的制作效率。但值得注意的是，ChatGPT 是基于大量语料库进行训练的，其生成的脚本需要人工审核和修改，以确保文案的质量和准确性。同时，制作爆款短视频还需要创作人员结合市场调研和用户反馈等，不断优化短视频内容和营销策略，才能达到更好的效果。

8. 撰写新闻：有效提升新闻生产率

随着人工智能聊天机器人 ChatGPT 的应用领域越来越广泛，各大媒体也开始尝试利用 ChatGPT 来提高新闻生产率。ChatGPT 可以作为辅助工具参与到新闻撰写的过程中去，尤其在财经、体育领域做程式化报道时，ChatGPT 可以帮助记者提供线索、搜索素材、信息梳理等。ChatGPT 其实就相当于"写稿机器人 + 媒体资料库"，可以辅助记者完成一定工作任务。

以下是 ChatGPT 围绕"北京时间 2023 年 2 月 6 日土耳其地震"写的一篇新闻报道，具体操作如下。

我的输入：围绕北京时间 2023 年 2 月 6 日土耳其地震写一篇新闻报道。

ChatGPT：北京时间 2023 年 2 月 6 日，土耳其发生了一次强烈的地震，造成了严重的人员伤亡和财产损失。

据当地官方数据显示，这次地震的震级达到了 7.0 级。地震发生后，当地许多建筑物被摧毁，数百人受伤，至少有30人死亡。目前救援人员正在全力搜救被埋在废墟下的人员。

据报道，这次地震还引发了一系列的余震，当地居民不敢回家，纷纷选择在户外避难。许多道路也因为地震而被封锁，给救援工作带来了极大的困难。

土耳其总统雷杰普·塔伊普·埃尔多安已经下令各级政府和救援机构全力投入抗灾救援工作中。他表示政府将提供必要的支持和援助，确保受灾群众得到及时、有效的救助。

此外，国际社会也纷纷向土耳其伸出援手。联合国、欧盟、美国等国家和组织都表示愿意提供必要的援助和支持。

这次地震是近年来土耳其遭受的最强烈的地震之一。土耳其位于欧亚板块和非洲板块交界处，是一个地震频繁的国家。政府需要加强对地震预警和防灾工作的投入，以减少类似事件的发生。

　　虽然 ChatGPT 完全可以胜任新闻报道的生成任务，但其生成的报道缺乏细节的刻画、辩证的思考，整体比较粗浅，质量一般。而且 ChatGPT 生成的新闻报道中出现了一个明显的错误，那就是土耳其地震震级为 7.8 级，而非 7.0 级。所以，ChatGPT 生成的新闻报道还需要编辑进行审核和校对。

教育教学：ChatGPT为教育行业变革带来新契机

ChatGPT 的火爆，使各领域跟风参与其中。教育领域也受到了 ChatGPT 的冲击。目前，有的教育机构和学校在担心 ChatGPT 带来的挑战之余，已经开始尝试借助 ChatGPT 的力量助力教育教学发展，为教育行业变革带来了新契机。

1. 课程设计：为教师课程设计提供思路

课程设计可以明确怎么教，要达到什么样的教学效果，在整个教学过程中起着至关重要的作用。

ChatGPT 号称"万能内容生成器"，我们完全可以将其利用起来，为教师做课程设计，协助教师检索和整理资料，生成完整的教学大纲、学习计划和阅读材料。

例如，我让 ChatGPT 帮我设计一个有关"小蝌蚪"的教学大纲。ChatGPT 很快就给出了响应，具体操作如下。

我的输入：为一年级学生设计一个有关"小蝌蚪"的教学大纲。

ChatGPT：主题：小蝌蚪。

时间：1周。

目标：了解小蝌蚪的生长过程，培养学生观察、思考和探究的能力。

教学内容：

小蝌蚪的生长过程：蛋→孵化→蝌蚪→蜕皮→青蛙

小蝌蚪的生活环境：水、植物、其他动物

小蝌蚪的特点：没有四肢、长尾巴、呼吸器官在身体侧面

教学步骤：

第一天：

引入：老师给学生展示一张小蝌蚪的图片，询问学生是否知道这是什么，引导学生思考、探究小蝌蚪的生长过程。

呈现：老师给学生播放一段小视频，展示小蝌蚪的生长过程。

练习：老师给学生分发一些画板和彩笔，让学生根据视频绘制小蝌蚪的不同阶段，并鼓励学生用自己的语言描述小蝌蚪的特点。

第二天：

引入：老师给学生展示一张有水和植物的图片，让学生猜测这是哪里，引导学生思考、探究小蝌蚪的生活环境。

呈现：老师给学生播放一段小视频，展示小蝌蚪在水中的活动场景。

练习：老师给学生分发一些彩纸和剪刀，让学生制作一个水

池模型，并放置一些植物和动物模型，同时鼓励学生用自己的语言描述小蝌蚪在这样的环境中如何成长。

第三天：

引入：老师给学生展示一张青蛙和小蝌蚪对比的图片，让学生发现它们之间的不同之处，引导学生思考、探究小蝌蚪的特点。

呈现：老师给学生播放一段小视频，展示小蝌蚪和青蛙在同一个环境中的活动场景。

练习：老师给学生分发一些卡纸和胶水，让学生制作一个青蛙模型，并鼓励学生用自己的语言描述青蛙和小蝌蚪之间的关系。

第四天：

引入：老师给学生回顾前几天所学习的内容，并询问学生对小蝌蚪有什么新的认识，鼓励学生表达自己的观点。

综合练习：老师给学生分组进行游戏，在课堂上制作一个大型水池模型，并放置一些植物和动物模型。每个小组从中抽取一个任务卡片，根据要求制作相应的动物或植物模型，并用自己的语言描述它们与小蝌蚪之间的关系。

第五天：

总结：老师回顾整个教学过程，并总结本周学生学习到的知识和技能。

评价：老师给每个学生写相应的评价语。

从整体上看，ChatGPT 生成的教学大纲可以为教师进行课程设计作相应的指导，为教师提供了一定的借鉴思路。

2. 协助备课：有效提升备课速率

课程设计是 ChatGPT 在教育行业应用的其中一个方面，除此之外，ChatGPT 还可以协助教师备课。

所谓"'教'字成功，必'备'字先行"。教师需要每天备课，一方面要熟悉教材知识，对课程深入钻研，了解每一课的内容；另一方面要根据学生的特点准备相应的表达和讲授方法。

备课对于教师来说，是一件常态化的事情。借助 ChatGPT 的内容生成能力，可以帮助教师设计授课思路，为教师节省时间以去做更多授课方面的准备工作。

具体而言，ChatGPT 可以通过以下方面做备课工作。

（1）知识搜索

教师可以通过提问的方式，从 ChatGPT 那里获得授课需要的相关知识。

例如，向 ChatGPT 提问"用学生能理解的方式解释牛顿定律"，以向 ChatGPT 寻求最简单、通俗、易懂的解释方法，具体操作如下。

我的输入：用学生能理解的方式解释牛顿定律，要简单、通俗、易懂。

ChatGPT：牛顿定律是描述物体运动的规律。它包括三个定律，分别是：

物体静止或匀速直线运动的状态会一直保持下去，除非有外力作用。这个定律告诉我们，如果一个物体没有受到外力的作用，那么它就会保持静止或匀速直线运动的状态。比如，你把一个小球放在桌子上，它就会一直静止下去，除非有人来推它一下。

物体的加速度与它所受的力成正比，与物体的质量成反比。这个定律告诉我们，如果一个物体受到了力的作用，那么它就会加速，而且加速度和所受力的大小成正比、和物体的质量成反比。也就是说，如果两个物体受到同样大小的力作用，质量较小的物体会加速得更快。

任何两个物体之间都会产生相互作用力，大小相等、方向相反。这个定律告诉我们，如果有两个物体之间存在相互作用力，那么这两个物体之间产生的力大小相等、方向相反。比如，你用手推一个小车，那么小车就会对你的手产生一个反作用力，这两个力大小相等、方向相反。

（2）生成教学内容

教师可以通过向 ChatGPT 输入指令，让其根据指令内容生成想要的教学内容，这样可以有效提升备课效率。

（3）进行语言翻译

如果在课堂上需要其他语言进行教学，教师可以使用 ChatGPT 进行翻译。

在教育教学中，有了 ChatGPT 的帮助，可以极大地提升备课速率，给教师带来不一样的教学体验。

3. 课堂助教：教师和学生双重受益

在课堂上，教师往往需要助教的帮助来提升课堂效率。ChatGPT 具有文本生成和实时响应的能力，可以为教师和学生提供一个知识实时分享的平台，为教师提供想法，帮助学生理解复杂内容，成为教师的人工智能助教。

（1）写作提示器

如果是一堂作文课，为了给学生更多的写作提示，教师可以借助 ChatGPT 生成一些故事开头或写作创意框架作为提示，让学生在这个基础上进行写作。这样可以拓宽学生写作思路，提升学生写作效率。

这里以 2022 年新高考 I 卷的作文题目"本手、妙手、俗手"为题，让 ChatGPT 生成一个创意框架，具体操作如下。

我的输入：以 2022 年新高考 I 卷的作文题目"本手、妙手、俗手"为题，生成一个创意写作框架。

ChatGPT：好的，以下是一个创意写作框架：

引入：介绍"本手、妙手、俗手"这个话题，引出个人对于不同类型手艺的认识和看法。

本手：介绍本手的概念和特点，以及本手的代表性手艺，可以从历史渊源、技艺传承、文化内涵等方面进行阐述。

妙手：介绍妙手的概念和特点，以及妙手的代表性手艺，可以从创新能力、技术水平、艺术价值等方面进行阐述。

俗手：介绍俗手的概念和特点，以及俗手的代表性手艺，可以从生活实用性、普及程度、民间传统等方面进行阐述。

比较与分析：对比三种不同类型的手艺，分析它们各自的优缺点、适用范围和发展前景，可以结合具体案例进行说明。

个人观点：表达个人对于不同类型手艺的喜好和看法，并阐述自己对于传统文化保护和发展的态度。

结尾：总结全文，强调不同类型手艺在社会发展中的重要性和作用，并呼吁人们珍惜传统文化遗产，推动其创新发展。

（2）阅读理解测评工具

ChatGPT 具有强大的文本能力和总结概括能力。在训练学生阅读理解能力的课堂上，教师可以借助 ChatGPT 生成一段相关主题的文章，让学生阅读并提炼文章概要，然后对比 ChatGPT 对文章做的要点概括。这样有助于更好地评估学生对材料的理解能力。

（3）词汇构建工具

很多时候学生会遇到不认识的英语词，这时候教师可以命令 ChatGPT 根据这个词生成一个英语句子，让学生根据整个句子的意思推断这个词的真正意思。这样有助于增加学生的词汇量，提升学生的推断能力。

ChatGPT 作为一名助教，为教师和学生提供了很好的教学辅助工作，实现了教师教授和学生学习的双赢。

4. 学习辅助：个性化辅导提升学习效率

ChatGPT 本身就是一种辅助工具，完全可以在教育领域作为学习辅助工具使用，在课堂之余为学生做个性化学习辅导，从知识解释、解题思路等方面为学生提供更多帮助，让学生更好地实现自主学习和个性化学习，达到有效提升学生的学习效率和成绩的目的。

在具体的应用中，ChatGPT 可以完成以下学习辅助工作。

（1）词汇翻译

在学习过程中，学生难免会遇到一些不明白意思的词汇。这时可以向 ChatGPT 寻求帮助，实现自由翻译。ChatGPT 还能帮助学生获得更多的这个词的相关资源，如语法、造句等，帮助学生更好地理解这个词。

比如：我向 ChatGPT 请教一个英文词，并让它就这个词造一个句子。ChatGPT 会立刻给出响应，具体操作如下。

我的输入："development plan" 是什么意思？

ChatGPT："development plan" 是指一份详细的计划，用于指导个人、组织或企业在未来一段时间内达成特定目标的发展方向和步骤，通常包括目标、策略、行动计划和时间表等内容，旨在提高效率和效果，帮助实现长期成功和可持续发展。

我的输入：用它造个句子吧！

ChatGPT：The development plan for the new project includes detailed timelines, milestones and budgets to ensure successful implementation.

我的输入：翻译一下这句话。

ChatGPT：这个新项目的发展计划包括详细的时间表、里程碑和预算，以确保成功实施。

（2）专属辅导

ChatGPT 是一个巨大的知识库，其中涵盖了丰富的教学资源。ChatGPT 可以为学生提供各种知识资源，帮助学生提升解决问题的能力。对于那些偏科的学生来讲，ChatGPT 可以给予其课后辅导，有效提升其学习动力和自我能效感。

（3）获取学习材料

ChatGPT 好比是一个巨大的知识库，学生可以向 ChatGPT 咨询并获取相关学习材料，帮助自己增加知识、拓宽视野。

（4）有效训练

很多学生在上课时觉得自己都听懂了，但真正做题的时候却犯了难，发现自己"眼睛说会了，但手不会"。学生可以借助 ChatGPT 生成课堂学习知识点的相关题目，从易到难，对自己进行有效训练。然后向 ChatGPT 索取反馈，将自己的答案与 ChatGPT 给出的答案进行对比，验证自己的答案是否有误。通过反复训练，学生可以提升对知识点的理解能力和手动答题能力。

总之，教师在全面了解 ChatGPT 的能力之后，可以让学生自由使用，其对于培养和提升学生的自主学习能力和钻研能力有很大益处。

5.事务助手：真正实现教师和学生共同减负

ChatGPT 可以为教师和学生在教学过程中提供更多的便利，增加课堂趣味性和丰富性，给予学生相关课外事务的指导，成为教师和学生的智能事务助手。

（1）教师智能助教

ChatGPT 对于教师而言，是最好的智能助教。

①作业测评。教师每天在上课之余还需要为学生批改作业。有了 ChatGPT 之后，教师完全可以将批改作业的任务交给 ChatGPT 去做，然后通过批改结果，了解学生当天的知识掌握情况。

②生成试卷。ChatGPT 可以根据具体需求，帮助教师生成考卷，对教学成果进行评估，观察学生的进步情况。

③撰写活动内容。ChatGPT 可以生成邮件、脚本、文案、诗歌、故事，也可以帮助教师撰写日常活动内容。

比如，生成工作总结、周报、月报等内容，减轻教师的常态化事务内耗，真正实现教师减负。以下是 ChatGPT 生成的一份教师工作总结，具体操作如下。

我的输入：请生成一份教师工作总结。

ChatGPT：教师工作总结

在过去的一年中，我作为一名教师，取得了许多令人满意的成绩和经验。以下是我在这一年中的工作总结：

教学成果方面：我在教学方面取得了显著的进步。我制定了具有挑战性和趣味性的教学计划，并在课堂上积极地引导学生参与讨论和思考。在各种考试和测验中，我的学生的成绩都比去年有所提高。

管理能力方面：我在学校管理方面也有了较大的进步。我与同事们合作，共同制定了一些有效的管理策略，如班级评比、集体备课等，使我们的教学变得更加有组织和高效。

学生关爱方面：我十分重视学生的个性差异和情感需求，在课堂上关注每个学生的表现和进步，并时常与他们交流和沟通。同时，我还积极参与学生们的课外活动，帮助他们发展兴趣爱好和才能。

自我提升方面：为了更好地完成自己的工作，我不断地自我学习、探索新的教学方法和理念，并积极参加各类培训和研讨会，以提高自己的专业水平和素质。

总之，这一年来，我充分发挥了自己的教育专长和职业激情，在工作中不断探索、创新和追求卓越。在未来的工作中，我将继续努力，取得更加优异的成绩。

（2）学生智能助手

很多时候，学生在日常事务中也会遇到困惑。ChatGPT 可以成为学生的智能助手，为他们提供相关指导性意见和建议。

①职业指导。每年大学生走出校门前，都要对未来的职业发展做一个具有前瞻性的规划。ChatGPT 会根据学生给出的专业，提供潜在职业、相关资源等方面的信息，对学生进行职业指导，让学生不再为走出校园后该如何迈出职业生涯的第一步而感到迷茫。

②时间管理指导。很多时候，教师和家长关注的重点是孩子的学习问题，忽视了学生时间管理技能的培养。ChatGPT 可以帮助学生做时间管理，提供相应的提示和策略，能够让学生对任务进行排序，然后更加高效地完成学习任务。

总之，ChatGPT 对教育领域的影响巨大，可引发教学模式发生重大变化，真正实现教育的数字化转型。教师应当快速适应这种全新模式，在借助 ChatGPT 进行个性化辅导的同时，培养学生的人工智能思维，进而达到促进学习和提升自我的目的。

律师行业：ChatGPT助力传统律师行业转型与升级

在绝大多数人看来，法律行业一直是社会中的"精英"行业，专业性较强，且面对的问题也比较棘手。ChatGPT 的出现，给法律行业带来了不小的冲击，但也为法律这一传统行业带来了转型与升级的机遇。

1. 自动化办公：帮律师解放双手

律师每天有很多事情要处理，事无巨细。尤其涉及金额等数据时，更是要反复核对，确保准确无误。但任何事情都要亲力亲为，会给律师带来极大的工作压力。

ChatGPT 在法律领域的应用，可以实现办公自动化。对于律师来说，ChatGPT 就是专为律师减负而生的。

（1）查询资料

律师在接到案件后，首先需要查询很多与案件相关的资料，如卷宗、撰状、证据、法律资料等，这些工作，尤其是查找一些大案件的卷宗时，需要律师伏案工作很长时间才能找到，还需要律师不能有半点疏忽。这种工作完全可以交给 ChatGPT 去做。

因为，第一，相比于人脑，ChatGPT 更加严谨，不存在检索疏漏、记忆不准确等问题。从这一方面看，ChatGPT 可以很好地弥补人脑的局限性。第二，用传统的人工检索或使用专业的法律数据库软件查找文件，也存在一定的局限性，不仅费时费力，还会随着法律条文的更新而出现遗漏。ChatGPT 是一个庞大的资料库，能帮助律师做一些简单的文件查找工作，律师则可以腾出更多的时间和精力用于推理案件。

（2）处理重复性极高的工作

ChatGPT 可以帮助律师去做前期一些日常重复性极高的工作，如自动回复邮件、处理文件等。同时，ChatGPT 还可以辅助律师进行合同审核、数据核对等，实现自动化办公，能有效提升律师的办公效率和准确性。

（3）生成合同

撰写合同是律师日常工作之一。合同的质量直接影响客户的权益。律师在制定合同、审查合同的时候，要花费大量的时间和精力，还要确保内容的清晰性、准确性、完整性、有效性，并符合法律规范。

ChatGPT 在生成和审查合同方面有很大优势。它可以根据用户输入或选择生成符合特定目标或场景的定制化合同模板，并自动填充相关字段；还可以对已经生成的合同进行评估，并提出修改意见，或者对错误内容做出提示。

这里我向 ChatGPT 提出一个生成房屋租赁合同的指令，看一看 ChatGPT 的执行情况，具体操作如下。

我的输入：生成一份为期一年的房屋租赁合同，房东是王先生，租客是李女士。租金 3000 元，押金 3000 元，水电煤由租客承担。

ChatGPT：房屋租赁合同

甲方（出租方）：王先生

乙方（承租方）：李女士

鉴于甲方是该房屋的合法所有人，愿意将该房屋出租给乙方使用，双方经协商一致，达成以下协议：

第一条 租赁物及地址

1.1 甲方同意将其位于（地址）的房屋出租给乙方使用。

1.2 该房屋的具体面积为（面积），房屋内部结构为（结构），房屋内设施包括但不限于（设施）。

第二条 租金及押金

2.1 乙方同意支付每月3000元的租金，共计36000元。

2.2 乙方应在签订本合同时向甲方支付3000元的押金，用于保证乙方在租赁期间遵守本合同的约定，并保证房屋及内部设施不被损坏。在租赁期满后，如无任何违约行为，甲方应将押金全额退还给乙方。

第三条 水电煤费

3.1 水电煤费由乙方承担，乙方应按时缴纳相关费用。

第四条 使用及维护

4.1 乙方应按照正常使用方式使用该房屋，并保持房屋及内部设施的清洁和整洁。

4.2 如因乙方过失或故意行为导致房屋及内部设施损坏，乙方应承担相应修缮费用。

4.3 如因不可抗力因素导致房屋及内部设施损坏，双方应协商解决。

第五条 租赁期限

5.1 本合同自（日期）起生效，至（日期）止。

5.2 在租赁期满前，如双方均同意继续租赁，则应在租赁期满前15天内签订新的租赁合同，并支付相应的租金和押金。

第六条 违约责任

6.1 如甲、乙双方任何一方违反本合同的约定，导致对方受到损失的，违约方应承担相应的违约责任。

6.2 如乙方未按时支付租金或水电煤费等费用，甲方有权要求乙方立即补缴，并可在此基础上向乙方收取逾期利息。

6.3 如乙方未按时支付押金，则甲方有权要求乙方立即补缴，并可视情况解除本合同。

第七条 其他事项

7.1 本合同未尽事宜，由双方协商解决。

7.2 本合同一式两份，甲、乙双方各执一份，具有同等法律效力。

7.3 本合同自签订之日起生效。

甲方：（签字）

　年　月　日

乙方：（签字）

　年　月　日

在 ChatGPT 的帮助下，律师可以解放双手，将节省下来的时间和精力，用于一些更重要或更复杂的事情。

2.法律问答：为客户提供相关法律信息

ChatGPT 对于律师来说是一种有效的辅助工具，对于普通人来说，ChatGPT 能够满足其法律问答需求。

（1）法律信息咨询

绝大多数百姓的法律知识比较欠缺。虽然平时可能不太会用到，但当其真正需要用的时候，会发现自己懂得的法律知识少之又少。如果找律师咨询，其还需要花费一笔咨询费用。此时，ChatGPT 就能派上用场。人们如果对法律条款有不明白的地方，可以对 ChatGPT 进行提问，咨询一些常用的法律条款的解释等。

ChatGPT 可以在一定程度上降低咨询成本，而且其提供的信息具有一定的参考价值。比如，我向 ChatGPT 提问："什么情况下可以提出精神索赔？"ChatGPT 很快就给出了回答，具体操作如下。

我的输入：什么情况下可以提出精神索赔？

ChatGPT：精神索赔（也称为精神损害赔偿）是指在某些特定情况下，由于受到某种行为或事件的影响导致精神上的痛苦和苦恼，从而提出赔偿的一种赔偿方式。以下是一些可能会导致精神索赔的情况：

意外事故：如果您在意外事故中受伤，这可能会导致一些严重的情感问题，例如，焦虑、抑郁和创伤后应激障碍等。

非法行为：如果您成为非法行为（例如，性侵犯、虐待或欺诈）的受害者，这可能会对您的精神健康造成极大的影响。

医疗事故：如果您因医疗事故而遭受到严重的身体伤害，这可能会对您的精神健康造成负面影响。

职业压力：如果您在工作中承受过多的压力和挫折，这可能会导致严重的情感问题，并可能导致失眠、抑郁和焦虑等问题。

家庭纠纷：如果您在家庭纠纷中受到虐待或遭受家庭暴力，这可能会对您的精神健康造成严重影响。

需要注意的是，提出精神索赔需要具备一定的证据和证明。如果您认为自己有资格提出精神索赔，请尽快咨询专业律师或法律顾问以获取更多信息。

（2）案例检索

普通人如果遇到诉讼问题，可以向 ChatGPT 寻求帮助，ChatGPT 可以检索相关案例，为用户提供借鉴和参考，让用户对类似案件的诉讼有更加全面的了解。

ChatGPT 为用户即时提供相关法律咨询，能够帮助用户快速解决简单事务。

3. 智能推荐：根据需求推荐律师

普通人在寻找合适的律师时，考虑的不外乎三个方面。

第一，律师专业能力是否过硬，服务质量和专业素养是不是够高。

第二，律师做事是不是很负责。

第三，性价比是不是很高，委托费是否在自己接受范围之内。

然而，想要找到让自己满意的律师，也并非一件简单的事情。

ChatGPT 可以为客户做智能推荐。简单来说就是将 ChatGPT 用于律师推荐系统的开发，根据律师过往的工作经历和被委托情况，再结合客户需求，为客户推荐最适合的律师或律师团队。

这对于客户来讲，其能够更快找到合适的律师，满足自己的诉讼需求。

总的来说，ChatGPT 对于法律行业既是机会又是挑战。从好的方面去考量，ChatGPT 能帮助律师减负增效。但 ChatGPT 在法律行业的应用绝不止于此，更多的应用还需要我们去不断开发。

医疗健康：ChatGPT助推医学发展获得质的飞跃

我们知道，ChatGPT 具有很强大的内容生成能力，但我们难以想象，ChatGPT 还可以应用于医疗健康领域。当前，随着人工智能应用的加速发展，医疗健康行业也正加速进入数字智能化的爆发期。ChatGPT 的出现恰好为实现数字智能化医疗提供了契机，并且其具有巨大的发展前景，能够有效推动医学领域的发展获得质的飞跃。

1. 医学交流：精准收集患者信息

从事医疗行业的人都知道，精准医学是将个性化信息应用于临床实践的医学技术，主要是根据患者个体的特征、基因、免疫情况、生活方式等信息，判断患者的个体差异性，以改善诊断和治疗结果，以便为患者选择更加适合的护理，提高患者的健康状况。

ChatGPT 作为一款人工智能聊天机器人，最擅长的就是与人聊天。医生完全可以借助 ChatGPT 的这一能力，让其扮演医生助理的角色，与患者交流。通过交流，ChatGPT 可以帮助医生更好地了解患者的病史、症状等相关信息，并快速生成电子病例报告。之后，医生再利用 ChatGPT 技术将收集而来的患者信息进行分析，准确提取患者特征，如基因、免疫情况、生活方式等。然后，医生可以将患者的这些特征整合到医学数据库中，以便根据患者情况来判断病情。最后，医生还可以利用 ChatGPT 对患者进行实时监控，实时掌握患者的治疗情况，帮助患者有效控制病情。

ChatGPT 接入医疗健康行业，可帮助医生完成以上工作流程，与传统医疗模式相比，具有以下优势。

（1）简化医生工作流程

从患者信息收集到医疗数据分析，从患者疾病的早期诊断到精准治疗，ChatGPT 能够快速、准确地帮助医生完成医疗咨询服务。将这种简单的工作交给 ChatGPT 去完成，医生就有更多的时间为患者制订治疗方案，在单位时间内可以帮到更多的患者。

（2）提供决策支持

ChatGPT 帮助医生分析患者相关数据，可以为医务人员提供更好的决策支持，可以应用于辅助远程医疗。

ChatGPT 为医生诊治提供了新模式、新手段，也因此建立起了快速精准的智能医疗体系。ChatGPT 作为一名优质的医疗服务助手，正在深刻地改变着医疗行业的面貌。

2. 医学诊断：改善就医体验

ChatGPT 除了可以与患者进行医学交流，还可以帮助患者做简单的医学诊断。

听声辨病，就是 ChatGPT 的一项重要功能。

众所周知，阿尔茨海默病患者（俗称"老年痴呆症"）早期说话方式会发生微妙变化，如停顿、发声模糊等。

ChatGPT 具有强大的智能语音识别能力，我们完全可以将 ChatGPT 的这一能力充分利用起来，通过利用阿尔茨海默病患者和正常人的语音数据，对 ChatGPT 进行相关数据训练，让 ChatGPT 能够通过患者的说话方式来帮助患者快速筛查病症，从而及早得到干预和治疗。

让 ChatGPT 完成这项工作，具有以下优势。

①不泄露患者个人信息。

②改善就医体验，有效减少传统就诊排队等待的时间。

ChatGPT 在医学领域的应用表现良好，不仅可以辅助医生收集患者信息，提高医疗效率，还可以为患者带来更加新奇、高效的就医体验，为医疗行业带来诸多市场机会。但就目前来看，ChatGPT 的专业性和权威性无法保证，还有待提升。总的来说，ChatGPT 在医疗领域的相关应用被予以众望。

无人驾驶：ChatGPT推动智能出行不断精进

ChatGPT 正在快速渗透各领域。ChatGPT 的智能化属性，与无人驾驶汽车技术"一拍即合"，推动智能出行不断精进，更为城市交通智能化升级赋能。

1. 深层次语音交互带来优质驾驶体验

ChatGPT 作为一种基于自然语言处理技术的先进人工智能聊天工具，其凭借令人惊艳的对话聊天能力出圈，而无人驾驶领域是其应用领域之一。

与传统车载智能语音交互模式相比，ChatGPT 依托海量数据进行训练，在智能语音交互中具有非常强的优势，能够识别 90% 以上的语音内容。基于此，ChatGPT 可以在智能出行过程中与用户进行深层次语音交互。其主要作用如下。

（1）提高旅途愉悦度

ChatGPT 可以通过学习用户的语言习惯和喜好，自动生成符合用户偏好的自然语言文本，从而优化无人驾驶车辆用户的体验。

比如，在行车过程中，无人驾驶车辆的乘客可以要求 ChatGPT 用东北幽默的口音讲一个笑话，并与 ChatGPT 之间进行聊天互动，打发出行路上的无聊时间，从而提升乘客的旅途愉悦度。

（2）提供旅游攻略

如果乘客想要乘坐无人驾驶车辆去一个从未去过的地方旅游，但其对这个地方的风土人情、旅游景点等都不了解，此时，其可以向 ChatGPT 咨询，要求其为自己做地理位置等介绍，甚至还能要求其生成一份详细的旅游攻略供自己参考，让自己在到达目的地之前，对这个地方有充分的了解，并能在时间上做更加合理的安排，愉快地度过美好的旅游时光。

这里我向 ChatGPT 寻求帮助，希望它能够为我提供一份去五台山的旅游攻略，具体操作如下。

我的输入：给一份去五台山的旅游攻略。

ChatGPT：五台山是中国佛教名山之一，拥有众多古刹和名胜景点，是一个值得游览的旅游胜地。以下是去五台山的旅游攻略：

交通方式：五台山位于山西省忻州市五台县境内，可以乘坐火车或飞机到达忻州市，再转乘公交车或出租车前往五台山。从忻州市到五台山约1～2小时车程。

最佳旅游时间：五台山四季分明，但最佳旅游时间为春秋两季，此时气候宜人，景色优美。

住宿：五台山周边有众多酒店、客栈和旅馆可供选择，其中以五台山寺内的住宿体验最为特别，在寺内住宿可以更好地感受佛教文化氛围。

景点推荐：五台山拥有众多古刹和名胜景点，其中较著名的包括：

①五台山风景区：包括南台寺、北台寺、中台寺等众多古刹和景点。

②万佛阁：是五台山最大的佛教建筑群之一，内部供奉着众多佛像和经文。

③西岳庙：是五岳之一的太岳山庙宇，也是五台山最早的寺院之一。

④龙泉寺：是五台山著名的禅宗寺院之一，内部保存着许多珍贵的文物和书籍。

美食推荐：五台山周边有许多特色小吃和餐厅可供选择，其中具有代表性的包括：

①五台山素斋：以清真素斋为主要特色，口味清淡而健康。

②五台山豆腐脑：是当地非常有名的小吃之一，口感细腻爽滑。

③五台山烤肉：以当地特产羊肉为主料，味道鲜美。

以上就是去五台山旅游的攻略，希望对您有所帮助。

ChatGPT 提供的这份有关五台山的旅游攻略，涵盖了交通、住宿、景点推荐、美食推荐以及最佳旅游时间，可以说面面俱到，应有尽有。

2. 帮助自动驾驶做出最优决策

ChatGPT 可以根据乘客的指令生成文本内容，基于这一点，ChatGPT 可以被用于为自动驾驶提供最优决策。

首先，ChatGPT 通过对数据集的学习和算法的不断优化，能够提高模型的准确度，从而为自动驾驶提供更加可靠和精准的决策支持。

其次，ChatGPT 在与乘客聊天的过程中，能通过分析语音和文本数据更好地了解乘客需求，从而为自动驾驶提供更加个性化和精细化的决策支持。

再次，ChatGPT 在无人驾驶车辆行驶的过程中，可以与车辆交互学习，识别和分析车辆状态。当车辆遇到突发状况时，ChatGPT 可以根据实时数据反馈，为无人驾驶车辆及时调整方案，做出最优决策。

最后，ChatGPT 可以通过与其他人工智能技术，如计算机视觉、语音识别等相结合，以提供更加智能化的自动驾驶系统。比如，在复杂的城市路段行驶时，计算机视觉可以识别障碍物和交通信号灯，而 ChatGPT 在计算机视觉的帮助下，可以为自动驾驶车辆做出更加精准和高效的决策。

在 ChatGPT 应用于智能出行领域之前，虽然已经出现了大量车载交互系统，但其大部分车载语音交互系统并没有实现真正意义上的智能，因此使自动驾驶系统的功能较为单一。

ChatGPT 采用人类反馈强化学习的思想，在经过大规模数据训练后，可以达到人类的驾驶水平，以此更好地服务于无人驾驶。

某家致力于自动驾驶的人工智能技术公司，在 2023 年 1 月就已经开始对 ChatGPT 背后技术的研究了。

在研究过程中，该公司将 ChatGPT 引入自动驾驶中，具体可分为三个阶段。

第一阶段，引入了个别场景的端到端模仿学习，直接拟合人驾行为。

第二阶段，通过 ChatGPT 模型，引入海量正常人驾数据，通过 Prompt（一种计算机语言）实现认知决策的可控和可解释。

第三阶段，引入真实的接管数据。人类司机的每一次接管都是对无人驾驶的反馈，可以很好地纠正和改进无人驾驶系统的认知决策。

基于这三个阶段，该公司构建了一个人驾自监督认知大模型。简单来说，就是让无人驾驶系统学习老司机的优秀开车技能，让这个人驾自监督认知大模型从人类反馈中不断进步，从而在各种情况下做出最优决策。

ChatGPT 入局智能出行领域，其革命性意义在于，其让无人驾驶进入知识和推理的智能化时代。ChatGPT 为无人驾驶车辆的高效性、安全性保驾护航，使每一位乘客能够更加舒适、快捷地出行，真正实现交通出行智能化。

金融机构：ChatGPT重塑金融机构运营与营销模式

在众多领域拥抱 ChatGPT 之际，金融行业作为传统行业也不甘错过 ChatGPT，开始尝试与 ChatGPT 融合，创造出更多的机会。

ChatGPT 也不负众望，在实际应用的过程中，为金融领域的发展带来了切实可行的助力。目前，已经有不少银行、证券公司、金融咨询公司尝到了 ChatGPT 带来的数字化转型的甜头。

1. 办公助手：辅助员工提升工作效率

银行工作的员工，每天要处理很多简单、琐碎的事情。ChatGPT 应用于银行人员日常办公过程中，可以有效辅助员工，提升员工的工作效率。主要体现在以下三方面。

（1）辅助完成自动化流程

银行员工每天要为客户做账户查询、账户开设等工作，而 ChatGPT 可以自动化处理许多常规任务。将银行员工的这些日常工作交给 ChatGPT 去完成，能有效提升员工工作效率。

（2）承担电话客服工作

智能交互是 ChatGPT "与生俱来"的优势。银行员工可以借助 ChatGPT 帮助自己识别客户电话中的语音，并自动回答客户提出的常见问题。这样，银行员工就有时间处理那些更加棘手的问题，同时为客户带来更好的服务体验。

（3）处理日常反馈信息

银行员工每天要做很多电子邮件的收发工作，有时候还需要处理很多社交媒体评论等。ChatGPT 具有处理自然语言文本的能力，把这些日常工作交给 ChatGPT 去做，能够帮助员工更快了解客户反馈，并辅助员工采取相应的措施，有效提升服务质量和效率。

需要注意的是，ChatGPT 不具备独立思考的能力，ChatGPT 在帮助银行员工做辅助工作时，只能做一些简单的事情，处理一些常见的问题，遇到一些需要做人与人之间情感互通的事情，比如，面带笑容接待客户、始终用良好的态度安抚客户情绪等，ChatGPT 无能为力，还需要银行员工亲力亲为。

2.风险评估：帮助银行降低信贷风险

信贷业务是银行主要业务之一。银行在为客户办理贷款业务之前，都要提前审核申请人的个人资质，做风险评估。

ChatGPT 可以发挥自身优势，利用自身拥有的海量信息，为工作人员提供更加科学和准确的信贷评估和预测分析，协助银行判断客户信用风险并预测其还款能力。同时，ChatGPT 还能通过风险监测和预警，及时发现和提醒工作人员风险和异常情况，为银行提供更加贴心的风险防范，为银行工作人员做出信贷决策提供更加有价值的参考。另外，利用 ChatGPT 还能减少人工手动错误，并为更复杂的任务释放人力资源。

金融行业一直以来都是风险和挑战交织的行业，ChatGPT 能为银行提供更加精准和高效的信贷风控服务，助力工作人员解决风控难题。

3. 客户服务：为客户答疑解惑

基于 ChatGPT 的强大功能，金融行业能够衍生出一系列多元化服务产品，主要服务于客户，为客户提供智能问题解答。主要应用方向如下。

（1）客户咨询

聊天机器人已经在金融领域成为一种常见的客户服务形式。以往的聊天机器人是一种基于规则或预定脚本而生成的自动化程序，只能完成特定任务，而且在执行任务的时候显得死板、不灵活。

ChatGPT 具有很强的智能交互能力，借助 ChatGPT 为客户服务，可以为客户提供更加智能化的服务。金融机构可以将 ChatGPT 接入客户服务系统，为客户答疑解惑，有效提升服务的灵活性，从而改善客户的整体服务体验。

（2）投资顾问

投资顾问是 ChatGPT 应用的又一个重要方向。ChatGPT 是经过专业数据训练的，客户在与 ChatGPT 聊天时告知 ChatGPT 自己的需求和投资意图，ChatGPT 就可以为客户提供很好的个性化投资建议和服务，识别和管理投资组合中存在的潜在风险，帮助客户有效避免财物损失。

这里，我向 ChatGPT 咨询"10 万元如何投资理财"的问题，具体操作如下。

我的输入：10 万元如何投资理财？

ChatGPT：以下是一些投资理财的建议：

存款：将部分资金存入银行定期存款或活期存款，可以获得相对稳定的收益。

基金：可以考虑购买基金，根据自己的风险承受能力选择合适的基金类型。例如，股票型基金风险较高，但收益也相应较高；债券型基金风险较低，但收益也相应较低。

股票：如果您有一定的股票投资经验和风险承受能力，可以考虑购买一些优质股票。但需要注意分散投资，避免集中投资某一只股票。

保险：可以购买一些保险产品，例如重疾险、寿险等以保障自己和家人的风险。

需要注意的是，投资理财存在风险，需要根据自己的实际情况和风险承受能力进行选择和分配资金。建议您在做出决策之前咨询专业人士或者机构。

由上文可以看出，ChatGPT 给出的建议比较全面，同时还会提醒客户投资理财存在风险，需要根据自己的实际情况和风险承受能力进行选择和分配资金。

（3）学习投资

客户可以利用 ChatGPT 的优势，在与 ChatGPT 交流的过程中，向 ChatGPT 询问更多投资理财的知识和技巧。

①查询投资信息。客户可以使用 ChatGPT 查询关于股票、基金、债券等方面的信息，了解投资的基础知识和市场趋势。

②查询资料。客户可以使用 ChatGPT 查询投资资料，如投资书籍、在线课程、投资论坛等，以便于学习和研究投资。

③查询投资策略。客户可以使用 ChatGPT 查询投资策略，如价值投资、成长投资等，从而制订投资计划。

4. 宣传营销：指引银行客户办理业务

ChatGPT 可以撰写文章、文案，基于这一特点，可以将 ChatGPT 用于撰写宣传营销内容。目前，多家金融机构已经试水 ChatGPT 技术，以指引银行客户办理业务。

2023 年 2 月 6 日，某银行拥抱 ChatGPT，小试牛刀，在其信用卡中心官方微博发布了一篇文章，部分内容如下。

"生命的舞台上，我们都是基因的载体，

生物学的限制对我们的行为产生了影响。

但是，当我们思考亲情时，

却发现它是一种超越生物学的'利他'行为。

如果说基因给我们的生命带来了基础，

那亲情便是对生命的深刻赋予。

它不由基因驱使，而是一种慷慨的选择。"

这篇文章是国内金融行业首次使用 ChatGPT 撰写的品牌稿件。从中我们不难看出，ChatGPT 展现出了出众的语义理解及信息整合推演能力，是一篇不错的营销宣传文章。

ChatGPT 在金融领域的应用，已经衍生出多个方向。ChatGPT 在内容生产、金融产品推广方面的应用，是一次营销模式的创新。未来，ChatGPT 将进一步赋能金融领域，为金融领域带来更大的想象空间。

元宇宙：ChatGPT加速元宇宙应用快速落地

"元宇宙"一词在 2022 年登上了热度排行榜，并受到各领域的关注。想要目前设想的元宇宙落地，还有很长一段路要走，但人工智能技术的突破在一定程度上可以推动元宇宙的快速发展，否则元宇宙只能是一个空中楼阁的概念。ChatGPT 作为一款人工智能聊天机器人，对于人工智能技术的突破，具有至关重要的作用。因此，ChatGPT 的出现加快了元宇宙从概念到落地的速度。

1.聊天机器人：与用户自由对话和问答

元宇宙有一个显著的特点，就是强社交性。在元宇宙世界里，虽然人们是以数字化身份存在的，但整个元宇宙世界能够正常有序地运行，离不开像现实世界一样人与人之间的交互。

元宇宙作为一个虚拟与现实相结合的平台，对社交互动进行了重新定义。在数字化的加持下，社交互动也呈现出全新的特点，除了简单的文字、语音交流，还可以扩展到图片和视频形式，而且与现实世界的社交互动相比，其更加便捷、亲密和直接，更具沉浸感，能够拉近元宇宙中陌生用户之间的距离，使元宇宙世界里的人们实现自由交互。

ChatGPT 是一款人工智能聊天机器人，能够对用户提问轻松作答。将ChatGPT 应用于元宇宙领域，与元宇宙中的数字人进行社交互动，就完全像是在与坐在对面的人类聊天一样，可以为用户提供真实、自然、流畅的对话体验。

2. 生产内容：生成高质量对话内容

元宇宙世界里，用户可以自由发挥创造天赋，设计和打造数字化物品和内容。

从形式上看，元宇宙是一个表象的虚拟世界。关于打造元宇宙世界的相关内容，应当从两个方面去理解。

第一是对现实世界 1：1 的复刻，换句话说就是元宇宙世界的数据来源于现实世界的人、物、动作的投射。

第二是虚拟数据并不是现实世界存在的数据，而是通过某种方式组合、引申和展开后获得的数据。

ChatGPT 是一种基于大规模数据集进行训练的自然语言处理模型，可以生成各种内容，包括文本、音频、图像等内容。因此，ChatGPT 是生产这种虚拟数据的有效工具。

比如，ChatGPT 可以根据数字虚拟人的角色，生成高质量文本内容，如角色对话、剧情内容等，使元宇宙世界变得更具真实感。

再如，ChatGPT 可以生成与虚拟数字人有关的语音内容，可应用于元宇宙中新闻播报、天气预报、综艺科教等场景，提升虚拟世界的个性化特点。

如果只对数字虚拟人的外表、动作和表情进行设计，使其类似真人，那么这样的元宇宙一定不会走得太远。ChatGPT 的出现，为数字虚拟人添加了语音内容，使数字虚拟人从外表到声音再到内容实现了完美统一，使元宇宙变得更加逼近现实。

ChatGPT 在元宇宙领域的应用，为元宇宙的发展提供了不少思路，能有效促进元宇宙的真正到来。

第五章
乘坐春风：ChatGPT新风口给个人带来新挑战与新机会

ChatGPT 火热出圈，不仅推动了各领域向着更高阶段发展，还给普通百姓带来了新挑战与新机会。在这个科技快速发展的时代，谁能够快速拥抱新科技，谁就能快速抢占市场先机。对于个人来讲同样如此。用积极的态度迎接 ChatGPT 的挑战、应对 ChatGPT 的挑战，才能将 ChatGPT 为己所用，而不是被 ChatGPT 淘汰。

日常生活：ChatGPT创新交互体验，提升生活品质

ChatGPT 是基于语音交互技术和自然语言生成技术构建的一款人工智能聊天机器人，它具有很强的交互能力。将 ChatGPT 应用于我们日常生活当中，可以为我们带来交互体验上的创新，让我们获得从未有过的交互感受。ChatGPT 为我们的日常生活开启了一个智能交互新时代，让我们的生活品质获得极大的提升。

1. 智能陪聊：如与真人聊天

近期，ChatGPT 走红，并闯入了普通人的生活当中。ChatGPT 作为一个基于自然语言处理技术的人工智能聊天系统，采用了深度学习算法并经过了大规模数据集的训练，能够很好地理解用户输入的内容，并进行适当的回答。随着 ChatGPT 人机交互能力的不断提升，ChatGPT 能给人们提供很多独到的见解。

在日常生活中，如果我们感到无聊或者感到孤单时，可以将 ChatGPT 作为智能陪聊，与我们聊天。无论你和 ChatGPT 聊什么方面的话题，ChatGPT 基本上能做到对答如流。而且 ChatGPT 还具有一定的记忆和思维判断能力，能记住之前与你聊天的内容和过程，并根据这些内容回复你的问题。重要的一点是，ChatGPT 还具有一定的语言逻辑推演能力。

就这一点，我通过与 ChatGPT 日常聊天，对 ChatGPT 进行测试，看一

看 ChatGPT 是如何响应的，具体操作如下。

> 我的输入：在公司，我每个月都有一天进账的日子，那天我非常开心，
> 　　　　　你觉得这一天是哪一天呢？
>
> ChatGPT：如果你每个月都有一天是进账的日子，那么很有可能这一天
> 　　　　　是你的发薪日。因此，我猜测你非常开心的日子是每个月的
> 　　　　　发薪日。

显然，ChatGPT 能够根据我提问的语言内容，推测出我特指的那一天是哪一天。

ChatGPT 除基本功能更加全面外，还可以陪我们聊天、为我们解忧，让我们的生活变得更加美好。更重要的是，ChatGPT 表现出更好的思维敏锐度和清晰度，体现出很好的能动性和反思性，拥有更加接近人类语言的表达方式。与 ChatGPT 对话，不禁让人怀疑，屏幕对面是一个活生生的人。

2.恋爱支招：成为你的爱情顾问

ChatGPT 可以快速搜索自己的知识库，虽然 ChatGPT 目前还不具备理解人类情感的能力，不能很好地理解用户此时此刻的情感和状态，但这并不影响 ChatGPT 成为我们的爱情顾问。

我尝试向 ChatGPT 提问，以寻求有关恋爱技巧方面的帮助。ChatGPT 很快就为我支招，具体操作如下。

> 我的输入：我有一个喜欢的女孩子，我想知道该怎么和她聊天。
>
> ChatGPT：聊天是建立关系的重要方式，以下是一些建议：

先了解她的兴趣爱好，这可以通过问她问题或观察她的社交
媒体来了解。然后，你可以在聊天中提到这些话题，让她感
到你对她有兴趣。

试着让她感到舒适和放松。你可以通过分享自己的故事或经
历来打破沉默和尴尬。这也可以帮助她更好地了解你。

避免谈论太过私人的话题，比如过去的恋爱经历、家庭问题
等。这些话题可能会让她感到不舒服或不安。

尝试保持积极和乐观的态度，让她感到你是一个愉快和有趣
的人。

最后，记得尊重她的意愿。如果她不想聊天或者想停止聊
天，你应该尊重她的决定。

让人意想不到的是，ChatGPT 真的回答了我的问题，而且说得头头
是道。

之后，我换了个角色和问题去问 ChatGPT，看一下 ChatGPT 会给我什
么样的建议，具体操作如下。

我的输入：有个不太熟的男生约我去看电影，我该怎么办？

ChatGPT：作为 AI，我无法了解你的喜好和想法，所以我只能给出一
些建议供你参考。

了解一下对方的背景和兴趣爱好，看看是否有共同话题和兴
趣点。

如果你对这个男生感兴趣，可以考虑去看电影，了解更多关
于他的信息。

如果你不太确定是否要去，可以委婉地拒绝邀请，但是要礼
貌地表达。

如果你决定去，记得安排好时间和地点，并且注意自己的
安全。

ChatGPT 不仅给出女生约会的建议，还提示女生要注意安全。能做到这
一点，显然 ChatGPT 已经算是十分智能的了。

为了进一步检验 ChatGPT 作为爱情顾问的能力和水平，我再次向
ChatGPT 提问，具体操作如下。

我的输入：最近和男朋友闹矛盾了，我不知道要不要原谅他。

ChatGPT：作为 AI，我不能决定你是否应该原谅你的男朋友，但是我
可以给你一些建议：

理性分析问题。先冷静下来，想一想这次矛盾的原因和程
度，看看是否可以通过沟通来达到双方都满意的结果。

了解对方的态度。如果你的男朋友已经意识到了自己的错误，
并且表示愿意改正和道歉，那么你可以考虑原谅他。

重视自己的感受。如果你觉得这次矛盾对你造成了很大的伤
害，或者你已经多次原谅过他的过错，那么你需要认真考虑
是否还要继续这段关系。

坦诚沟通。无论你最终选择了什么，都要和男朋友坦诚地沟通，让他知道你的想法和感受，也听听他的看法。

最终的决定取决于你自己，希望你能够做出一个明智而理性的选择。

显然，ChatGPT 没有直接给出答案，而是对事情进行了详细分析，给了我一些建议，让我自己做决定。

由上可知，ChatGPT 虽然不懂爱情，但在恋爱方面有着独到的见解，能够为我们提供很好的情感服务。

另外，ChatGPT 作为一个万能内容生成器，能够生成各种各样的内容，那么是否可以让 ChatGPT 帮助我们写情书呢？

当然可以。尤其在情人节时，作为一个为爱情庆祝的美好时刻，人们可以自由追求自己喜欢的人，表达自己对对方的倾慕之情和浓浓的爱意。但对于那些不善表达的、文采不好的人，ChatGPT 可以说是一个很好的追爱助手。

我尝试给 ChatGPT 指令，让它帮我模仿徐志摩的文风写一封情书，具体操作如下。

我的输入：模仿徐志摩的文风写一封情书。

ChatGPT：亲爱的你：

我在这个寂静的夜晚，静静地思念着你。在这个安静的时刻，我仿佛能够听到你的呼吸声，感受到你的存在。

每当我闭上眼睛，你的身影便浮现在我的脑海中。你那温柔的眼神，那迷人的微笑，都深深地印在我的心里。

我想告诉你，我爱你。这份爱已经深深地扎根在我的心底，无法割舍。无论是风雨还是阳光，我都会一直陪伴着你。

我知道，我们之间也许会有很多困难和挑战，但是我相信我们可以一起克服它们。因为我们拥有彼此，我们可以一起面对未来的每一个日出和日落。

亲爱的你，请相信我的爱是真实而深沉的。让我们一起走过这段美好而难忘的旅程吧！

永远爱你的我

徐志摩诗歌的特点：一是爱情色彩浓厚；二是意境悠远、风格新奇；三是语言优美，富有音乐感。ChatGPT模仿徐志摩风格写的这封情书还是比较贴合徐志摩文风的。

当然，作为聊天机器人，ChatGPT生成的情书质量取决于训练数据以及其使用的算法。ChatGPT能做的只是帮助我们写情书，它并不知道我们想要写信的对象是谁，它只能根据我们给它输入的信息去构建模块，生成我们想要的相关内容。

3. 生活助手：生活实现便捷化、智能化

随着ChatGPT在我们生活中不断渗透，把一些简单的事情交给ChatGPT去做，将会使我们的生活变得更加便捷化、智能化。

（1）美食烹饪

如果我们每天不知道吃什么，也不知道吃什么健康，可以向 ChatGPT 咨询，ChatGPT 可以给我们想要的答案。

比如，我向 ChatGPT 提问"今天我想吃酸甜口的东西，为我推荐一道菜吧，顺便附上食谱。"让我们看一下 ChatGPT 的回复，具体操作如下。

我的输入：今天我想吃酸甜口的东西，为我推荐一道菜吧，顺便附上食谱。

ChatGPT：推荐酸甜排骨：

材料：

1.5磅排骨

2汤匙油

2汤匙生姜（切成丝）

4瓣蒜（切成片）

1个红甜椒（切成小块）

1个黄甜椒（切成小块）

1个洋葱（切成小块）

1/2杯白糖

1/2杯米醋

1/2杯番茄酱

1/4杯生抽

1/4杯水

1汤匙玉米淀粉

香菜叶

做法：

①将排骨放入开水中焯水，捞出沥干备用。

②在热锅中加入油，烧至七成热，加入排骨，煎至两面金黄。

③加入姜、蒜、红椒、黄椒、洋葱，炒香。

④将白糖、米醋、番茄酱、生抽和水混合在一起，倒入锅中，翻炒至排骨均匀裹上酱汁。

⑤将玉米淀粉加入少量水中搅拌均匀，倒入锅中，快速翻炒至酱汁浓稠。

⑥撒上香菜叶即可享用。

提示：

如果喜欢更加辣的口味，可以加入一些辣椒或辣椒油。

（2）旅游规划

如果我们想出去走走、看看，但又不知道沿途有什么好玩的地方、好看的风景，不知道如何规划行程路线，不妨问一问 ChatGPT。

比如，如果我想从北京自驾去三亚，让 ChatGPT 帮我做一个性价比较高的旅游规划。具体操作如下。

我的输入：我想从北京自驾去三亚，帮我做一个性价比较高的旅游规划。

ChatGPT：从北京自驾到三亚需要经过长时间的驾驶，建议您在路途中分段休息，以保证安全。以下是一个七天六晚的旅游规划。

第一天：北京–郑州

早上出发，沿京港澳高速向南行驶，大约7小时可到达郑州，可在郑州市区内游览黄河风景区等景点，并品尝传统的河南小吃。

第二天：郑州-武汉

上午离开郑州，沿京港澳高速公路向南行驶，大约7小时可到达武汉，可参观黄鹤楼、长江大桥等著名景点，并品尝当地特色美食。

第三天：武汉-长沙

上午离开武汉，前往长沙。可在长沙市内游览岳麓山、橘子洲等景点，并品尝湖南特色美食。

第四天：长沙-广州

上午离开长沙，前往广州。可在广州市内游览珠江夜游、广州塔等景点，并品尝广东特色美食。

第五天：广州-海口

上午离开广州，乘坐渡轮前往海口。到达海口后可以游览海口骑楼老街、万绿园等景点，并品尝当地特色美食。

第六天：海口-三亚

上午离开海口，驱车前往三亚。到达三亚后可以游览天涯海角、亚龙湾等景点，并品尝当地特色美食。

第七天：三亚

全天自由活动，可以选择在海滩上休息或者继续游览其他景点。

以上就是一个比较合理的七天六晚的旅游规划，同时你还可以根据自己的行程和喜好进行调整。在旅途中要注意交通安全并遵守当地法规，同时注意个人财物安全。

ChatGPT 给出的这份旅游规划比较细致、合理，有了这份旅游规划，我们可以度过一段更加美好的旅游时光。

（3）健康养生

健康与养生是每个人都关注的话题，但很多人不知道该如何养生、如何锻炼让自己变得更加健康。ChatGPT 可以为我们提供合理的饮食建议，制订运动方案，助力健康生活。

比如，我问 ChatGPT "糖尿病患者该如何养生"，看看 ChatGPT 给出的养生答案，具体操作如下。

我的输入：糖尿病患者该如何养生？

ChatGPT：控制饮食：糖尿病患者要注意饮食，少吃高糖、高脂肪、高盐的食物，多吃蔬菜、水果、谷物等富含纤维素的食物。

坚持运动：适当的运动可以帮助控制血糖，建议每天至少进行30分钟的有氧运动，如散步、慢跑、游泳等。

定期检测血糖：糖尿病患者需要定期检测血糖，以便及时发现问题并采取相应的措施。

控制体重：糖尿病患者需要控制体重，避免过度肥胖，因为肥胖会加重糖尿病的症状。

戒烟限酒：戒烟限酒可以降低患上心血管疾病的风险，对于糖尿病患者来说尤为重要。

心理调节：心理健康同样重要，可以通过冥想、放松、听音乐等方式缓解压力和焦虑。

定期复诊：定期去医院复诊也是非常必要的，医生可以根据血糖情况和身体状态为糖尿病患者调整治疗方案。

（4）休闲导师

有时候我们感到无聊，却不知道如何打发时间时，ChatGPT 可以为我们推荐热门影视剧、音乐等，让我们的闲暇时光充满乐趣。

ChatGPT 在我们日常生活中能够给予我们很多帮助，是生活中不可或缺的贴心助手，让我们可以更好地享受科技带来的便捷与智能。

日常工作：巧借ChatGPT免费劳动力，提升工作效率

随着科技的发展，任何一项前沿技术的应用和普及，都将使人类生活、工作变得更加美好。ChatGPT 同样如此，其可以很好地解放人类的双手，以便人类做更加关键、高级的事情。ChatGPT 对人们日常工作的影响也是显而易见的。我们每个人应当学会巧借 ChatGPT 这个免费劳动力，以提高我们的工作效率。

1. 撰写报告：节省时间，减轻工作量

作为职场人士，我们每天有大量工作要做，撰写报告就是其中之一。但有的时候，写一篇工作报告需要查阅大量文献和材料，才能确保报告的精准性，这太过耗费时间和精力。

ChatGPT可以帮助我们完成这项工作。它可以直接根据我们给出的关键词和需求，帮助我们快速生成报告。之后，我们只要对报告内容进行核查即可。

在ChatGPT帮助撰写之前，我们一定要注意做好以下工作。

（1）明确报告目的和受众

这好比是我们自己写工作报告一样，首先要明确自己写工作报告的目的是什么、报告的受众是谁。如果报告是给上级领导看的，内容应该以自己的工作成果为主，并写明自己目前面临的困难及其解决方法；如果是给同事或团队成员看的，就应重点展示自己的工作经验和方法，帮助大家共同进步。

（2）梳理工作内容和成果

在写报告之前，要做好工作内容和成果的梳理工作，明确工作重心，便于后续工作的开展。

明确了这两点之后，我们就可以给ChatGPT发送相应指令，让ChatGPT帮我们撰写工作报告了。

比如，我在ChatGPT的对话框中输入："如果你是电网维修员，给上级领导写一份工作报告，要突出工作中的难点以及完成情况。"看一看ChatGPT生成的工作报告内容如何，具体操作如下。

我的输入：如果你是电网维修员，给上级领导写一份工作报告，要突出工作中的难点以及完成情况。

ChatGPT：尊敬的领导：

我是×××，现向您汇报本人近期的工作情况。

在过去的一个月里，我共完成了10个电网维修任务。这些任务中，最大的难点是位于城市中心的变电站故障。由于该站点的位置特殊，周围有大量高楼和道路，我们需要采取一系列措施来确保安全和准确地解决问题。

我们首先进行了现场勘察，并与相关部门协调，制定了详细的应急预案。在实际操作过程中，我们采用了高空作业车和其他专业设备，确保了人员和设备的安全。经过近两天的紧张工作，我们成功地解决了该站点的故障，并恢复了电力供应。

除此之外，我还参与了其他多个维修任务，在每个任务中都积极发挥自己的专业技能和责任心。在所有任务中，我始终保持高度的敬业精神和团队合作意识。

总体而言，我认为这段时间工作表现良好。虽然遇到了一些难题，但我们通过协调合作和运用专业技能成功克服了这些难题。在未来的工作中，我将继续努力提高自己的专业技能和工作效率，为公司做出更大的贡献。

谢谢！

ChatGPT 生成的这份工作报告，从开头到结尾，一气呵成、结构清晰、重难点突出。ChatGPT 能够确保工作报告及时生成，有效节省了我们的工作时间，减轻了我们的工作量，是我们日常工作中不可多得的辅助工具。

2. 职场沟通：改善职场人际关系

职场人员每天需要和很多人打交道，除了公司同事、上级领导，还需要与客户交流和沟通，甚至还要做商务洽谈。如此多的、需要去处理的人际关系，是对职场人员沟通能力的一种考验。沟通能力不足，直接影响公司人际关系，影响商务合作成败。

职场人员提升自己的职场沟通能力，是日常工作中的重要部分。

ChatGPT 是一个可以与人进行自然对话的人工智能聊天机器人，可以帮助职场人提高沟通交流能力和学习商务洽谈技巧。

（1）与同事交流

同事之间相互帮助无可厚非，但有的时候，自己手中也有工作没完成，帮或不帮，都会让职场人陷入两难境地。此时，我们可以向 ChatGPT 寻求帮助，让它教我们如何婉言拒绝，具体操作如下。

我的输入：同事的工作让我帮忙做，我自己手里也有工作要做，如何婉言拒绝同事？

ChatGPT：以下是一些婉言拒绝同事的方法：

先感谢：在拒绝同事之前，先表示感谢，让对方知道你重视他们的请求。

解释原因：说明自己手头的工作很紧，需要专注于完成自己的任务，无法分心帮助别人。

提供其他帮助：如果能够提供其他帮助，可以主动提出来。比如提供相关的资源或者介绍其他能够帮助他们的人。

建议推迟：如果实在无法帮忙，可以建议推迟到以后再处理。

诚恳表态：如果实在没有办法帮忙，可以诚恳地表态，说明自己很抱歉，不能帮忙。

坚持原则：如果同事的请求与自己的工作无关，或者会影响自己的工作进度和质量，就要坚持原则、拒绝对方。

避免冲突：在拒绝同事时，要注意措辞和语气，避免引起不必要的冲突和误解。

总之，在拒绝同事时，要尊重对方的请求，并且礼貌地表达自己的想法。同时也要坚持自己的原则和职责，保证自己的工作质量和效率。

（2）商务洽谈

通过与 ChatGPT 互动，职场人可以学习如何更好地表达自己的观点，以及更好地理解别人的意见和想法。

比如，我们需要跟比较难缠的客户做商务洽谈，这是最让职场人感到头疼的事情，此时我们可以向 ChatGPT 寻求相关帮助，具体操作如下。

我的输入：我是职场人，如何提升自己面对难缠客户时的商务谈判
　　　　技巧？

ChatGPT：面对难缠的客户，以下是一些提升商务谈判技巧的建议：

保持冷静：在谈判中，不要被客户的情绪所左右，保持冷静
和客观。

理解客户需求：了解客户的需求和痛点，有针对性地提出解
决方案。

沟通技巧：在谈判中，要善于沟通，倾听客户的意见和建
议，并且清晰地表达自己的想法。

提供可行方案：针对客户的需求和问题，提供可行的解决方
案，并且强调方案的优势和价值。

坚持原则：在商务谈判中，要坚持自己的原则和底线，不做
出无法承受的让步。

寻找共同点：在谈判中，寻找双方的共同点，以此为基础达
成共识。

调整策略：如果发现原来的策略不起作用，需要及时调整策
略，重新制订计划。

学会妥协：在商务谈判中，双方可能会存在分歧，学会妥协
是很重要的一点。但是妥协也要有度，不能过度让步，导致
自己利益受损。

后续跟进：商务谈判后，要及时跟进客户的需求和反馈，并

且保持良好的沟通和合作关系。

从 ChatGPT 所提供的职场沟通技巧来看，ChatGPT 在处理复杂的职场关系上，具有一定的"思考"能力，给出的建议和技巧也都在点子上，思路比较清晰，对我们的确有一定的帮助。

提升自我沟通技巧，是职场人维护同事关系、客户关系的有效方法。多向 ChatGPT 请教，可以让我们的职场沟通能力得到快速提升，使我们在职场中如鱼得水。

3. 搜索分析：加快信息流通，提供问题决策

工作中，我们经常会遇到这样或那样的问题，需要查找、搜索相关信息来解决，甚至还需要对信息做进一步分析，才能找到解决方案。

ChatGPT 具有很强的信息检索和分析能力，有 ChatGPT 的帮助，工作中的问题就能够更好地得到解决。

（1）查找资料

查找资料是 ChatGPT 具备的"天赋"。它可以回答各种类型的问题，包括生活常识、新闻咨讯、历史事件、名词概念、背景介绍等。在工作中遇到需要查找资料的情况，只要我们输入相关问题，ChatGPT 就能快速给我们答案。ChatGPT 查找资料的能力，为我们的日常工作提供了极大的便利，使我们能够快速了解相关信息。

（2）数据分析

ChatGPT 可以识别和提取文本中的数据，并对其进行计数、排名，以及做相关分析，解释数据中的趋势和关联性。因此，我们还可以利用 ChatGPT 分析日常工作中的大量数据，并让其提供见解和预判趋势，帮助我们更加

直观地看懂数据，以提高工作效率。

例如，我们可以向 ChatGPT 输入一段有关产品名称、销售额、销售量、销售日期的文本信息。ChatGPT 可以自动识别这些信息，并根据数据信息进行统计和分析，帮我们得出想要的结果。如在某一个时间段，哪个产品最为畅销等。

但需要注意的是，ChatGPT 在精准度上还存在一定的局限性，所以对于 ChatGPT 给出的结果，我们要保持一种谨慎使用的态度，需要进一步核实无误后方可使用。

日常学习：用ChatGPT指导学习，快速提升自我

活到老，学到老。每个人的一生总是在不断学习中提升自我修养、能力和学识的。ChatGPT 可以说是一个很好的学习辅助工具，能够满足我们日常学习的需求。

1. 生成总结：轻松了解文章摘要

好的学习思路，可以让我们的学习更有成效。

内容总结是一种学习思路，通过对已有的信息进行总结，可以更好地获取所需信息，并将重点内容呈现出来，有助于我们在学习过程中更好地了解信息的组成部分，形成更加有条理的学习思路。

但在学习的过程中，我们也会遇到困境，那就是面对一段较长的文字，我们首先要提炼出它的摘要，才能帮助我们更好地理解这段文字的内容。

这就要我们花费很长的时间去阅读，并做内容提炼。

ChatGPT 具有很强的文字总结能力，即便我们输入一段文字，如领导演讲、新闻要点、文献信息等，它也能在短时间内为我们轻松生成一段简短的总结。语言文字处理是 ChatGPT 最擅长的方向，有了 ChatGPT 的帮助，我们可以快速了解文字内容，学习重点内容，以大大提升我们的学习效率。

需要注意的是，ChatGPT 目前对小段文字的处理和总结能力毋庸置疑，但对那些相当大的文档，如几十页、上百页的内容进行总结时，表现得还是比较吃力的。因此，当我们要学习一门新课程、学习领导讲话精神等时，建议向 ChatGPT 多次、分段输入文字内容，让 ChatGPT 更好地帮助我们快速总结其中的主要内容或核心知识点，以便更好地学习相关知识。

2. 内容翻译：满足日常翻译需求

如今，无论是外国旅游还是商务会议，与外国人进行跨语言交流时，都需要用到外语。学习外语已经是一件十分重要的事情。

如果有充足的时间，我们可以参加一些外语课程，提升自己的外语学习能力。对于上班族来讲，工作已经占去了其一天中的 1/3 的时间，而其最好的学习方式就是在平时的相关外语应用场景中现学现用。

比如，在国外旅游时，我们可能会遇到不熟悉的语言环境。此时，我们可以使用 ChatGPT 的语言翻译功能，对当地的路牌、菜单和景点介绍等进行翻译和学习。

再比如，在参加国际商务会议时，我们可能会遇到不同语言的会议内容。此时，我们可以借助 ChatGPT 的多语言翻译能力，让其帮助我们更好地了解会议内容，以便我们学习并参与到讨论和交流中去。

在我们的日常学习中，ChatGPT 的语言翻译功能可以应用于各种场景，满足我们的翻译需求，很好地帮助我们学习外语，提升我们的跨语言交流能力。

3. 专属指导：轻松掌握高效学习方法

学习也要讲究方式和方法。高效的学习方法能让我们得到快速的提升。ChatGPT 可以帮助我们轻松掌握高效学习的方法。

（1）时间管理

提高学习效率的首要秘诀就是学会管理自己的学习时间。学会时间管理可以使人终身受益。不会做时间管理的人，其时间就像水一样流逝，永远不能抓在自己手中。ChatGPT 可以帮助我们做时间管理，为我们提供提示和策略，帮助我们更好地学会如何按照事情的优先次序做好合理安排。

这里我先向 ChatGPT 做一个简单的提问："明天周六，家里中午 12:00 要办一个非常重要的同学聚会，我该如何安排自己的时间为聚会做准备？" ChatGPT 给我这样的提示和建议，具体操作如下。

我的输入：明天周六，家里中午 12:00 要办一个非常重要的同学聚会，
　　　　　我该如何安排自己的时间为聚会做准备？

ChatGPT：我无法知道您的具体情况和需要准备的事项，但以下是一些
　　　　　可能有用的建议：

　　　　　提前规划：提前确定聚会的时间、地点、人数和菜单，以便
　　　　　您可以更好地安排自己的时间。

　　　　　购买食材：如果您需要准备食物，提前购买所需的食材，并
　　　　　确保您有足够的时间进行烹饪和准备。

清洁家庭环境：确保您的家庭环境整洁、舒适，为客人提供一个愉快的聚会场所。

准备活动：如果您计划在聚会上进行一些活动或游戏，提前准备好所需的材料和设备。

确认客人：确保您已经与所有客人确认了他们是否能够参加聚会，并提供了必要的信息（如地图、交通指南等）。

安排时间表：制订一个详细的时间表，包括每个活动或任务所需的时间，以确保您有足够的时间为聚会做准备。

休息"充电"：在聚会前一天晚上确保自己有足够的休息时间，以便在聚会当天精力充沛。

ChatGPT 虽然不知道聚会的具体事项，但在其给出的建议中能看出，ChatGPT 为我们将可能要做的事情进行了非常合理、有序的安排。

再比如，我向 ChatGPT 提问："40 岁，人到中年，该如何做好自己的时间管理？"让我们看一看 ChatGPT 给出的答案，具体操作如下。

我的输入：40 岁，人到中年，该如何做好自己的时间管理？

ChatGPT：中年人的时间管理需要考虑工作、家庭、健康和个人发展等方面，以下是一些可能有用的建议：

制订计划：每天早上制订一个详细的计划，包括工作、家庭和个人事务，以便更好地安排自己的时间。

确定优先事项：将任务按照优先级排序，将重要的任务放在前面处理。

学会拒绝：学会拒绝那些不是自己优先事项的任务或请求，以便自己有更多时间处理重要的事情。

定时休息：中年人需要定时休息，以保持精力充沛。

健康管理：中年人需要关注自己的健康状况，包括饮食、运动和身体检查等方面。

学习新技能：中年人可以通过学习新技能来提高自己的职业竞争力和个人发展。

时间规划：中年人需要对自己未来的生活进行规划，包括退休计划、财务规划等方面。

保持积极心态：中年人需要保持积极的心态，以应对生活中的压力和挑战。

（2）建立知识结构

随着人类对信息的需求越来越高，对于快速获取信息的需求也在不断增长。建立知识结构是提升学习效率的第二个有效方法。

大部分人在学习的过程中，会将知识或信息直接拿来学习，而不是先将知识或信息建立结构后再学习。建立知识结构的优势在于能够将知识或信息系统化，帮助我们从单个知识点中跳出来，将知识点进行分组，甚至建立丰富的联系。

ChatGPT 可以帮助我们很好地整理知识结构，生成一个通用的知识框架，为我们之后的学习提供参考，而且对我们理解和记忆新知识有很好的帮助。

ChatGPT 是我们日常学习中的好助理、好帮手，让 ChatGPT 为我们提供一个学习框架，提供发散思考的方向，对于我们日常学习、提升自我学识和能力，大有裨益。

挑战与应对：不想被取代就要积极拥抱与应对

ChatGPT 的出现掀起了一场人工智能风暴，对各领域产生了十分巨大的冲击，就连我们这样的普通人也会受到其影响，有的人甚至会因 ChatGPT 的出现而面临失业的风险。如果不想被 ChatGPT 取代，就要积极拥抱 ChatGPT，并采取相应的应对措施，这才是当务之急。

1. ChatGPT 成为上班族最大竞争对手

可能对于普通人来讲，其还没有切身感受到 ChatGPT 给我们带来的巨大影响，大部分人依然照常工作、生活、学习，没有出现什么巨大的变化。

虽然 ChatGPT 距离我们想象中的人工智能还有所差距，但技术革命所产生的蝴蝶效应，将超乎我们的想象。

ChatGPT 对普通人发起的最大挑战就是成为上班族最大的竞争对手。

ChatGPT 被誉为"万能内容生成器"，无论什么样的内容，文字、图片、音频、视频，甚至代码都不在话下；ChatGPT 还是一个人工智能聊天机器人，对于任何人的提问都能知无不言、言无不尽；ChatGPT还是很好的信息检索工具，能帮助人们查找所需要的任何信息、资料等。

总之，我们工作中的所有任务，它都能帮助我们去执行，写文章、写报告、写演讲稿、写文案、发邮件、做智能客服、快速查找资料、做数据分析等，只要不涉及强逻辑、强共情，我们给ChatGPT输入相关指令，在ChatGPT的所学范围之内，其都可以快速给出我们响应。这意味着，对于一些没有技术含量的、简单的、重复性极高的工作，ChatGPT已经完全可以胜任。ChatGPT已经威胁到身处这类工作岗位上的人类，成为他们当下最大的竞争对手。

科技总是在不断向前发展的。在未来，随着ChatGPT训练数据规模的增加，ChatGPT会发展到一个更高的阶段。届时，越来越多的高学历工作者也会面临更高维度的竞争，要和ChatGPT去竞争同一份工作。更重要的是，不管我们怎样努力、怎样吃苦耐劳，也永远无法和一个24小时无休的机器人去竞争，这是最大的危机。

竞争固然存在，但与此同时，也会衍生出全新的工作岗位，给我们带来新的机会，关键在于我们如何把握。

永远不要轻视任何一种新科技及其衍生出来的相关产品，它们都可能成为我们最大的竞争对手。

2. 正确认识ChatGPT充当的角色

ChatGPT虽然有取代人类劳动的潜力，会对人类的生活、工作和学习产生非常大的影响，但我们依然要用发展的眼光去看待ChatGPT，要正确认识ChatGPT充当的角色。

ChatGPT还不至于取代人类，我们完全可以将ChatGPT视为我们的得力干将，为我们所用。

（1）好老师

ChatGPT"所学"的知识非常广泛，天文地理无不通晓，输出能力也很强。因此，我们可以将 ChatGPT 看作是一名知识丰富的好老师。它不仅可以为我们答疑解惑，还可以给我们提供意见和建议，指导我们学习，是我们人生、工作、成长路上的好老师。

（2）好助手

ChatGPT 能生成各种类型的内容，能帮助我们完成一些简单的工作，能有效提升我们的工作、学习效率，为我们的生活带来便利。我们可以将 ChatGPT 视作一名好助手，其在辅助我们生活、工作和学习方面的确有很好的表现。

（3）好情报官

ChatGPT 具有十分强大的信息检索能力。我们想要查找的相关信息，ChatGPT 都能给出相应的答案。当然，目前想要通过 ChatGPT 调查一个人或一个公司更加详细的信息是受限的。因为这些都属于隐私信息，系统会自动屏蔽，这从技术上讲是没有问题的，否则我们每个人都会成为透明人。

（4）好智囊

我们在生活、工作、学习的时候，总会遇到各种各样的问题。我们可以向 ChatGPT 咨询，获取一些答案或灵感。可以说，ChatGPT 是我们最好的智囊。这里的"智囊"针对的是我们的生活、工作和学习，对人生的思考、情感的陪伴等既有理性又有人性的东西，ChatGPT 是不具备的。

总之，了解 ChatGPT，才能更好地使用 ChatGPT，让 ChatGPT 扮演我们生活中需要的角色，为我们的生活、工作、学习提供更加贴心的服务。

3.培养拥抱新事物的能力

很多人开始面对功能强大的 ChatGPT 时，心中会对 ChatGPT 会不会取代人类而感到恐慌。其实，非常中肯地说，与其对 ChatGPT 恐慌，不如积极拥抱 ChatGPT。

世界是在变化中发展的，唯一不变的就是变化。一个人，只有不断培养和提升自己拥抱新事物的能力，才能遇事冷静、积极应对。

那么如何培养我们拥抱新事物的能力呢？

第一步：强化"目的"

通常，人们接受一个新事物之所以慢，因为没有目的。无论做任何事情，有目的、有目标，才更有动力，做起事来才会更加高效。

你的目标的强烈程度，决定了你拥抱新事物的程度和速度。

ChatGPT 作为一个新事物出现，我们必须明确拥抱它的真正目的是什么。是为了让 ChatGPT 更好地为我们服务，提升工作效率？还是不被 ChatGPT 所取代？这些都可以作为我们拥抱 ChatGPT 的目的。在强目的的驱动下，我们才更有动力向 ChatGPT 靠拢。

第二步：主动接触

在明确目的之后，接下来就要付出实际行动，去主动接触 ChatGPT，而不是被动接受。如果我们只是一味地对 ChatGPT 纸上谈兵，而不去大胆尝试和使用 ChatGPT，为我们的生活、工作和学习提供帮助，那么我们永远无法做到与时俱进。最终，即便不会被 ChatGPT 淘汰，也会被那些已经率先借助 ChatGPT 走上全新赛道的人取代。

人工智能永远是人类的工具，要保持一颗拥抱新事物的心，让 ChatGPT 技术为我们服务，我们才不会被时代抛弃。

4. 培养个人提问 ChatGPT 的能力

任何时候，只有自身强大了，才能更好地适应外界的变化。ChatGPT 作为一种智能辅助工具，能为我们解决很多基础、简单的问题。但如何才能让 ChatGPT 更好地为我们服务，关键取决于我们对 ChatGPT 的提问能力。这就好比一个聪明的孩子，要想让他明白很多道理，关键在于我们如何做引导。

那么，如何提升个人提问 ChatGPT 的能力呢？

（1）提问的精准性

在向 ChatGPT 提问时，你首先要保证提问文字的精准性。要确保问题描述足够详细，这样 ChatGPT 才能更好地根据问题的背景、上下文关系、关键信息等进行分析，给出更加明确和具体的答案，否则可能会遇到被 ChatGPT 拒绝回答的情况。

（2）提问的清晰性

ChatGPT 只是一个人工智能聊天机器人，对于过于复杂、冗长或者含糊有歧义的提问，ChatGPT 可能会无法理解，导致生成错误答案。因此，在向 ChatGPT 提问的时候，要尽量用简单明了的语言描述问题。

（3）提问的逻辑性

在提问的时候，要保证提问内容合乎逻辑，从而使 ChatGPT 能更好地理解问题内容和意义，如要保证问题的顺序性、时间性等。

（4）提问的迭代性

如果你对 ChatGPT 提问后，获得的答案没有达到你的预期，就需要重新调整提问方式，使提问不断迭代，便于 ChatGPT 更好地了解你提问的内容和意图，使生成的答案能更好地满足你的需求。

以对ChatGPT提问"杜鹃是什么？"为例。如果我们想问的是"杜鹃鸟是什么？"ChatGPT给出的却是杜鹃花的相关内容。此时，我们就要修正和调整提问的方式，重新向ChatGPT提问"杜鹃鸟是什么？"显然，这时ChatGPT给出的答案更加贴近我们想要的内容。具体操作如下。

我的输入：杜鹃是什么？

ChatGPT：杜鹃是一种常绿或落叶灌木，属于杜鹃花科，主要产于东亚、南亚和北美洲。它们通常在春季开花，花色有红、粉、白、黄等颜色，花型多样，有单瓣和重瓣的。杜鹃花被誉为"山林之王"，在中国南方的山区和公园中十分常见。

我的输入：杜鹃鸟是什么？

ChatGPT：杜鹃鸟是一种体型较小的鸟类，常见于南亚、东南亚和澳大利亚等地区。它们是寄生性巢穴掠食者，也就是将自己的蛋放在其他鸟类的巢里孵化，并且幼鸟会杀死宿主鸟的幼鸟或者将其推出巢外，自己占据巢穴。其行为受到了广泛的研究和关注。杜鹃鸟以其美丽的羽毛和优美的鸣叫声而受到人们的喜爱，尤其是在南亚地区，其被视为吉祥和幸福的象征。

ChatGPT是一个基于自然语言内容的人工智能辅助工具。ChatGPT的出现解放了生产力，使我们不再需要花费更多的时间和精力在一些简单而重复的事情上。掌握提问ChatGPT的方式方法，才能让ChatGPT为我们提供更加靠谱的答案。

5. 提升独立思考的能力

已经和 ChatGPT 打过交道的人一定会发现，ChatGPT 在应用过程中缺乏强逻辑能力。这也是 ChatGPT 的局限所在。

ChatGPT 可以陪我们聊天；可以为我们恋爱做情感参谋；可以成为我们学习和成长路上很好的老师；可以是我们最好的智囊，为我们出谋划策；可以成为我们最好的助手，帮我们查阅资料、编写代码……ChatGPT 能帮助我们的还有很多。但 ChatGPT 的这些优秀的表现和能力，容易使我们变得更懒，更加依赖 ChatGPT。

要知道，ChatGPT 也有很多局限性。我们可以借助 ChatGPT 做事情，但不能过分依赖，甚至把 ChatGPT 给出的答案直接搬来使用。我们与 ChatGPT 之间最好的关系是驾驭与被驾驭的关系。

要想更好地驾驭 ChatGPT，利用 ChatGPT 为我们服务，提升独立思考能力是当前我们必须要做的事情。只有这样，面对 ChatGPT 给出的答案，我们才会以质疑的态度去判断、筛选和使用，这有助于从 ChatGPT 中获取更多的剩余价值，而不是被一些专业水准很差的垃圾信息所淹没。否则，ChatGPT 也就失去了其真正存在的意义。

6. 巧抓风口，借 ChatGPT 为自我创富

ChatGPT 作为一种先进的人工智能聊天工具，为用户提供了广泛的应用场景，对各领域的发展起到了巨大的推动作用。对于我们普通人而言，如何才能抓住 ChatGPT 风口，利用 ChatGPT 创造的价值为自我创富，是我们每个人应当思考的问题。

以下是针对普通人总结出来的相关创富渠道。

（1）投稿

ChatGPT 具有很强的内容生成能力，我们可以借助 ChatGPT 生成相关商业热点文章、小红书文章、自媒体文章、朋友圈文章等。然后对这些文章排版、润色、增加细节等，确保文章的质量和准确性，以及生动趣味性。我们甚至还可以添加相关产品或品牌的宣传信息，让文章更具商业价值。最后，我们将文章投到相关平台，赚取收益。

（2）开发聊天机器人

如果我们有编程技能，可以借助 ChatGPT 开发聊天机器人，帮助企业或个人完成客户服务、销售和营销方面的任务，并以此获取一定的收入。

（3）提供翻译服务

翻译也是 ChatGPT 的一项基本功能。普通的翻译工具通常会出现语法问题，ChatGPT 的翻译能力介于普通翻译工具与人工翻译之间。我们可以借助 ChatGPT 翻译多种语言，并对其翻译的结果进行检查、修改，并收取相关费用。

（4）提供语音合成服务

如果我们有音频处理技能，可以使用 ChatGPT 生成自然语音，向客户提供语音合成服务，然后根据项目需求收取一定的费用。

（5）提供数据分析服务

ChatGPT 有很强的数据分析能力，可以将数据全都交给 ChatGPT，ChatGPT 能在短时间内给出分析结果，还能帮我们进行提炼和梳理。我们可以借助 ChatGPT 为企业或个人提供数据分析服务、数据分析培训、开发数据分析工具等，并以此赚取收益。

在如今的数字化时代，做副业赚钱已经成了一种普遍的选择。利用

ChatGPT 做副业赚钱是一种不错的选择，值得我们尝试。

但是，在借助 ChatGPT 为自己创富的过程中，要注意以下四点：

第一，要结合自己的专业技能去做，不要直接照搬使用 ChatGPT 输出的内容，要多加核实和完善，确保内容的准确性和完整性。

第二，要时刻牢记自己的职业道德和责任，确保自己能够为客户提供高质量的服务，以获得更多客户的信任和支持。

第三，要不断提升自己的技能和专业知识，以让自己的副业能保持竞争力和具有市场价值。

第四，要遵守相关法律法规，避免任何违规行为。

总之，利用 ChatGPT 做副业赚钱值得推荐，但也要秉承谨慎态度，注重客户需求，才能取得更好的盈利效果。

第六章
预见未来：关于ChatGPT未来的思考与猜想

如今，许多个人、企业对ChatGPT的热爱已经达到了"疯狂"的程度。ChatGPT在经过研发人员的精心研发、迭代之后，呈现在人们面前。当下的ChatGPT虽然不够完美，但它有着惊人的任务执行能力，给我们的生活、工作、学习带来巨大影响。然而，我们会不由自主地设想未来：未来ChatGPT的样子如何？我们将何去何从？这些是我们每个人都关心的问题。

ChatGPT未来的发展趋势

随着 ChatGPT 的不断发展，人们对于 ChatGPT 的恐慌逐渐变为对 ChatGPT 的狂热追捧。ChatGPT 的相关产品和服务越来越多地走进我们的生活，过去那些看似太遥远、不可能实现的事情接踵而至。在如今的世界背景下，ChatGPT 被列为全球最受重视的技术之一。

ChatGPT 当前的发展正处于加速上升期，全球都憧憬着 ChatGPT 美好的未来。可以预见的是，未来几年，ChatGPT 将变得无处不在。然而，未来 ChatGPT 的发展究竟如何？将呈现何种趋势呢？

1. 自然语言处理能力更加强大

ChatGPT 是基于自然语言处理技术的人工智能聊天工具，这意味着 ChatGPT 能够编码、建模和生成人类语言。

作为一种语言模型，ChatGPT 在进行大规模文本数据训练后生成的文本能够与人类意图和价值观等相匹配，可以像人一样具备听、说、读、写、译等方面的语言能力。当下的 ChatGPT 已经表现出很好的自然语言处理能力，未来 ChatGPT 的这一能力还将持续增强。

主要因为：

（1）数据量增加

目前 ChatGPT 使用的仅仅是 2021 年之前的数据。未来，随着数据量的不断增加，ChatGPT 在这些庞大数据的训练下，能够通过深度学习，提高自身的准确性和泛化能力，进而能够更好地处理不同领域和场景下的自然语言。

（2）模型算法优化

随着科学技术的不断发展，自然语言处理领域也会不断推陈出新。未来，ChatGPT 会应用更加先进的算法，以提高模型的自然语言处理能力和效率。

（3）预训练模型迭代

预训练模型是自然语言处理领域的一种新技术，它可以利用大量无标注式数据进行预训练，以提高模型的性能和效率。未来，预训练模型将会不断迭代，ChatGPT 也会在更加先进的预训练模型的基础上，获得自然语言处理能力的进一步提升。

基于这三点，未来的 ChatGPT 的语言模型将变得越来越强大，这使 ChatGPT 可以处理更加复杂的自然语言任务，如在语义理解上得到进一步提升，包括语义分析、上下文理解和推理等方面，因此能更好地理解用户意图和需求。届时，ChatGPT 的自然语言处理能力将变得非常强，其不仅能够听懂英语，还能听懂各国的语言；不仅能够听懂普通话，还能听懂我国各地的方言，使其使用起来变得非常方便。那时候，人人都可以轻轻松松地使用它，几乎不需要门槛。

2. 应用场景更加广泛

目前，ChatGPT 的发展还处于初级阶段，但其已经被越来越多的领域、企业和个人所使用。虽然它已经在语音识别、自然语言处理、自动翻译、智能客服等领域得到了广泛应用，但这只是其应用的冰山一角。

未来，随着海量数据的出现，ChatGPT 原有文本数据库中那些不真实、过时的数据将被更正和更新。在新的文本数据量中训练，ChatGPT 的功能将会得到不断完善，实现技术模型和应用工具的与时俱进，ChatGPT 也将成为各领域重要的智能化工具，届时其应用领域和场景会变得更加广泛。

另外，对于某些特定领域，ChatGPT 会接受更加专业的模型训练，并对原有训练模型和数据进行调整。与早期的人工智能问答和检索相比较，未来的 ChatGPT 智能化程度更高，其商业化应用也必然聚焦于资源、资金高度集中和技术应用性更强的特定领域。如金融领域，ChatGPT 将不再局限于理财和投资，而是向着金融科技、金融数据治理等领域拓展。

ChatGPT 的未来发展会有无限的可能，它在各个领域、各个场景中都有非常大的发展潜力。我们要做的是将它放到各个场景中，让它的潜力得以发挥。各种相关的 AI 产品会如雨后春笋般冒出来，我们期待它在众多领域全面开花，期待它给我们的生活和工作带来重大的转变。

总之，ChatGPT 是一项非常重要的技术，未来该技术一定会不断进步和提升，它的应用场景将会拓展到何种地步，我们拭目以待。

3. 服务个性化、人性化、开放化

ChatGPT 的特点是可以提供更加深入的对话交互，实现更加智能化的应答。未来，ChatGPT 的应用范围会更加广泛，与此同时，其服务的特点也将进一步提升。

主要体现在：

（1）服务个性化

未来的 ChatGPT 在与用户交互的时候将更加注重用户需求，能根据用户的历史记录和偏好为客户提供更加个性化的服务，既能改善用户体验和

提高用户满意度，又能很好地保护客户隐私。

例如，在未来的智能导购场景中，客户在网站购物时，ChatGPT 将通过学习用户的历史记录，了解用户的兴趣喜好和需求，为用户推荐更加适合也更加中意的商品。

（2）服务人性化

目前，ChatGPT 可以理解和处理人类语言，但缺点是不具备理解人类情感的能力。未来，ChatGPT 必将朝着这方面不懈努力，进一步完善，以在为客户服务时更加注重人性化。

人性化自然是不可或缺的，如果 ChatGPT 提供的服务缺少了人性化，那就不够有温度，也不够智能。人工智能要像真人一样，就要理解人类，并且给出人性化的答复、提供人性化的服务。现在的 ChatGPT 已经能够通过图灵测试，它在未来变得更加人性化几乎是必然的。

未来，ChatGPT 将不断学习和模仿人类情感和语言特征，从而更好地理解人类语言中的情感，为客户提供更加贴心的服务。

（3）服务开放化

未来的 ChatGPT 与当下的 ChatGPT 相比，将会整合更多的数据，获得更加多样化的功能，为各领域提供相关服务，充分体现出开放化的特点。与此同时，ChatGPT 还可能开放更多的接口，接入更多的用户参与到应用当中，推动 ChatGPT 的发展和进步。

未来，ChatGPT 将会向着更加个性化、人性化、开放化的方向发展，以此为其更好地应用于各领域提供强有力的支持和保障。

4. 功能趋于多样化、可靠化

ChatGPT 除了以上发展趋势，未来其功能还将趋于多样化、可靠化。

（1）功能多样化

ChatGPT 是一种基于人工智能技术的语言模型，它可以模仿人类语言的交互方式。当下，ChatGPT 的功能包括但不限于智能化客户服务、智能化内容生成、智能化营销推广、智能化辅助管理等。这些功能让 ChatGPT 可以应用于很多领域，为很多领域的发展提供支持和帮助。未来，ChatGPT 的功能将更加多样化。

例如，之前的 ChatGPT 是无法联网的，所有的信息和数据都来源于其早期的"学习"。2023 年 3 月 24 日，OpenAI 公司宣布，ChatGPT 支持第三方插件，这意味着 ChatGPT 解除了其无法联网的限制。接入网络之后，ChatGPT 可以实时更新数据，不再像之前一样在应用过程中会因为数据更新不及时（数据库只更新到 2021 年）而出现答案错误的情况。届时，ChatGPT 可以具备更多功能，如实时天气预报、实时路况查询等。

（2）功能可靠化

当前，人们使用 ChatGPT 最关心的是其安全性和可靠性。未来，ChatGPT 将会加强自身的可靠性，加强对用户隐私的保护，确保用户信息不被泄露。

虽然现阶段的 ChatGPT 还存在一定的弊端，但假以时日，通过不断升级和完善，ChatGPT 将逐渐成为更加强大、安全、多样化的工具，为人类做出更有价值的贡献。

5. 未来已来，GPT-4 横空出世

在 ChatGPT 诞生之前，GPT 系列已经出现了三个版本。ChatGPT 与前

三个版本相比，其参数数量更多，训练的数据规模更大，这使其在功能上有了很大的提升。GPT 系列就是在版本的不断更迭中不断突破自我的。

鉴于 ChatGPT 给人工智能产业带来的巨大变革，人们对于 GPT 版本的再次升级充满了想象。

而在我们期待未来有更新版本出现之际，在很多人还没有弄明白 ChatGPT 的时候，GPT-4 就横空出世了。

2023 年 3 月 15 日，OpenAI 公司正式宣布了 GPT-4 诞生的好消息。从 ChatGPT 诞生到 GPT-4 诞生，只用了不到四个月的时间，其迭代速度之快超乎想象。而且，GPT-4 与前面的几个版本相比，其优势更是超乎人们的预期。

主要体现在：

（1）可接受的文本形式多样化

GPT-4 可以接受的用户输入内容的形式实现了多样化，用户不仅可以输入文本，还可以输入图像，这些都可以被 GPT-4 很好地识别和理解。而 ChatGPT 只能接受文本形式的指令。

有人做过这样的测试：拿一张用炸鸡块拼成的世界地图让 GPT-4 解读，没想到的是，GPT-4 给出的答案令人称奇。让我们感受一下 GPT-4 的读图能力：

"这个表情包的笑点是将两个毫不相干的东西结合在一起：从太空中拍的地球，以及炸鸡块。

表情包的文字说，从太空中看地球是如此美丽。但实际上，图片是一堆炸鸡块排成世界地图的样子。

它的幽默之处在于，文字和图片存在意想不到的对应。文字让我们想象到地球的瑰丽照片，然而实际看到的却是接地气的物品。"

（2）表达更具专业性

由于 GPT-4 所接受的数据规模、参数数量比 ChatGPT 更大、更多，因此其在回答用户问题时能够用更具专业性、学术性的内容去表达，而且在事实性、可引导性和可控方面取得了史无前例的优异效果。

（3）指令处理更加细致化

GPT-4 与以往任何一个版本相比，更具可靠性、创造力，在理解和处理用户指令时能够更好地从细微处出发，做到细致化。

（4）处理的内容更加庞大

ChatGPT 能够理解和处理的指令内容有限，对于那些篇幅长达十几页甚至更多的内容，则会显得无力应对。但这却是 GPT-4 十分擅长的领域。GPT-4 对于那些规模较大的指令内容，比如做分析、总结等，在几分钟之内就能搞定。

如果一家公司积累了上千万字的资料和内部文档，交给一位员工去整理和总结，再写成成稿，可能需要花上好几天的时间。但如果把这个任务交给 GPT-4 去做，其高效的工作能力会让人不禁瞠目结舌。

GPT-4 的出现，意味着 GPT 又上了一个大台阶。即使其不是我们对 ChatGPT 未来美好猜想的最好印证，但也已经十分接近了。既然已经出现了 GPT-4，相信 GPT-5、GPT-6……也离我们不远了。

ChatGPT大热背后的冷思考

ChatGPT 的出现，使人工智能的发展迎来了黄金期。ChatGPT 不仅吸引了一大批科技大佬纷纷涉足 ChatGPT 项目，开发相关产品，还吸引了各领域积极拥抱 ChatGPT 以推动自身发展，就连普通大众也开始尝试借助 ChatGPT 来提升自己的生活品质以及工作和学习的效率。

ChatGPT 作为一项新技术，给整个社会的发展进程带来了深刻的影响和变革。但在 ChatGPT 大热之余，我们也应当冷静下来，用一颗平常心、以一种谨慎的态度去审视 ChatGPT。

1. 负面效应带来潜在风险

ChatGPT 作为一个人工智能聊天机器人，备受人们的关注。它可以像真实的人一样与人类聊天，可以为人类生成相关文本内容。

但随着 ChatGPT 被应用于更加广泛的领域，其表现出一些负面效应。

主要表现为：

（1）鲁棒性（Robust）不足

技术本身是用来推动社会发展和进步的，也可以用来规避风险，但它也是风险源头。很多时候，尤其是新出现的技术，或多或少会存在一些缺陷。ChatGPT 同样如此。

ChatGPT 的技术基础是深度神经网络，是在海量参数基础上训练而来的语言模型，其可以帮助人们解决很多问题，但其在实际应用过程中存在鲁棒性不足的问题。比如，在用户输入错误、系统故障、网络过载或有意攻击情况下，其会出现死机、崩溃或者无法为用户及时响应的情况。

（2）信息泄露

2023年3月24日，OpenAI公司发布了一则声明，它向用户和整个ChatGPT社区道歉，表示要重建信任。声明中说在本周早些时候，公司将ChatGPT下线，是因为它的开源库中存在一个漏洞，这个漏洞将使一些用户能够看到另一个用户的聊天记录的标题。现在，这个漏洞已经被修复了。

任何一个需要大数据来支撑的产品，实际上都要面临巨大的信息泄露隐患。我们在追逐ChatGPT之余，应该特别注意保护用户的信息安全，因为它背后有一个非常庞大的数据库，而数据安全问题不仅关乎个人，还关乎国家。

（3）能耗增加

ChatGPT在运行时会消耗很大的能量，比我们人类思考消耗的能量要多。也就是说，我们如果用它来做事，虽然我们省力了，但是实际上是用更高的能量消耗来完成了工作。从能源消耗的角度来讲，这是一种浪费。就好像我们在夏季使用空调，虽然我们这个房间里凉爽了，可空调产生热量最终使整个环境中的热量增加了。

如果将来ChatGPT的技术进一步发展，使它在进行运算时消耗的能量大大降低，那么使用它就不会造成太多的能源浪费，否则这将会是个问题。我们能够自己动脑子去想的问题，最好不要一股脑地全交给人工智能去做。脑子越用越灵活，我们要勤动脑。至于ChatGPT，它做一些重复量大的工作以及我们短时间内完不成的工作就够了，力所能及的、创造性的工作还是要靠我们自己。

ChatGPT 被"投喂"了大量数据，成了能够帮助人类的知识库和智囊，但其也存在诸多方面的问题。面对 ChatGPT，我们要积极拥抱，谨慎使用。

2. ChatGPT "顶流"之下人工智能的喜与忧

人工智能是一个比较古老的话题了，早在 1997 年国际商用机器公司（International Business Machines Corpration，IBM）的"深蓝"计算机在国际象棋比赛中战胜人类时，人们就对人工智能有了一定的认知和了解。2016年，"阿尔法狗"在围棋比赛中战胜人类后，人工智能在围棋方面成为"武林至尊"，没有人能够和它一战，因此比赛不得不将人工智能和人类分开，让其各比各的。

人工智能带给人类一个又一个惊喜，让人们不禁感叹它的强大，但这些强大始终还是在某个特定领域当中，让人感觉"不足为惧"。而 ChatGPT 的出现，让人们在震惊它的强大的同时，也开始产生恐惧，因为它实在是太厉害了，其不仅厉害，还是一个"多面手"。只要软件技术跟得上，ChatGPT 几乎能做所有的事情，不再局限于下象棋、下围棋这种特定的领域。

ChatGPT 带给我们的首先当然是惊喜，人们惊叹于它能够有逻辑地和人类对话，并且记录和它对话的人的信息，学习和掌握新的对话技巧。在以前，我们虽然能够和智能语音助手对话，但从严格意义上来说，那不算是真正的对话，而是一种对指令的简单回应。而 ChatGPT 能够记住我们所说的内容，并联系上下文进行回答，就像是会思考一样。

在图灵测试当中，人们已经很难区分真人与 ChatGPT 了。但这其实还不是令人感到害怕的，如果 ChatGPT 可以通过图灵测试，却假装自己无法通过测试，那才是真的可怕。

机器与生物相比一个非常明显的区别，就是它们没有思想。如果我们不给它们输入指令，它们就不会做出行为。我们不让它们撒谎，它们就永远诚实，因为它们没有撒谎的能力。就像我们的电脑，有什么问题都会报错，不会没有问题而故意报错。但如果机器有了自己的思想，那它就可以创造性地做出没有得到过指令的行为。比如，我们设定机器不可以有创造性的行为，一切都要按照指令来进行，结果它却没有按照指令来进行。

ChatGPT 在给人们带来惊喜的同时，也带来了一些惊吓。令人担心的是它会不会产生思想而脱离人类的控制。其实这种担忧大概率不会成为现实，因为机器始终是机器，就像我们一开始对互联网的担忧一样，现在再回头去看，大部分担忧是过虑的。

3.ChatGPT 引发的"饭碗焦虑"

每当一次科技革命到来，都会有一些人失业，这是毋庸置疑的。ChatGPT 在全球掀起了人工智能竞赛的浪潮，它会给我们的"饭碗"带来怎样的冲击呢？对此很多人心里没有底，会担心自己的工作丢了。

ChatGPT 当然会导致一些人失业，但我们不用过于担忧：当一些行业从社会上消失之后，往往会有新的行业诞生。如我们用汽车代替了马车，虽然没有了马夫，但是多了汽车维修工人。而且，有些工作内容始终是机器和人工智能无法取代的，它需要人类的温暖，而这是机器和人工智能无法拥有的。

人类不会被任何人工智能完全取代，我们有自己的优势。人工智能虽然可以做一些逻辑性很强的事情，但对于逻辑性不强的事情，它们就没那么擅长了。它们没有自主意识、没有思想，只是作为一个工具来帮助我们做一些事，无法替代人的思考。

有科学家做过一个实验：将一只小猴子和一个布娃娃母猴以及一个机器关在一起，机器上面有奶瓶，小猴子可以在机器那里喝到奶水；布娃娃母猴没有奶水，只是安静地坐在一旁。结果是，小猴子平时还是会依偎在布娃娃母猴的怀里，只有到饿了、想喝奶的时候，才会去机器那里喝奶。

从这个实验中我们能够看出，机器是无法取代动物的，更无法取代人。即便机器给小猴子提供奶水，但小猴子依然会更愿意和布娃娃待在一起，因为它能够感受到一种温暖。人类比机器更重要的，除了自主意识和思想，还有温暖的感觉。

"温度"这个词曾经在网络上流行，人们很在意一段文字是否有"温度"、一部电影是否有"温度"、一个短视频是否有"温度"。人工智能或许可以用一些行为或文字来让我们感觉到它是有"温度"的，但由于它并没有思想，所以这种"温度"始终是虚假的。

我们可以看到有人见义勇为，但我们大概很难看到人工智能见义勇为，因为那样就会存在安全隐患，意味着人工智能在某些情况之下是被允许攻击人类的。

我们不用为人工智能的强大感到焦虑，即便它会导致一些行业消失，也没有关系。人不会被人工智能完全取代，我们总会有工作可做。就像以前历史上出现的科技革命那样，人还是有事情可做的，只不过从做这一件事情变成了做另一件事情而已。

那么哪些工作会被 ChatGPT 取代？哪些工作又会被保留下来呢？

我们要知道，人工智能虽然智能，但其本质上还是机器。机器被创造出来，本来就是为了代替人类进行一些简单重复的劳动、解放一部分人的双手、让他们去做更有创造性的工作的。由此，我们可以得出结论：即便ChatGPT非常智能，但本质上它所取代的还是那种简单重复的工作，只不过相比以往的机器，它取代的工作质量更高一些而已。但归根结底，它无法取代那些具有创造性的工作，它所产生的价值相对是较低的。

有人可能会觉得，ChatGPT可以绘画，这不是创造性的工作吗？虽然它可以绘画，但它的绘画只是一种对数据库中的资料的拼凑或简单模仿，其本身的价值并不高，相当于让一个刚学绘画的小孩画一张画，看起来确实像那么回事儿，也是创造，但有多高的艺术价值呢？答案自然是没有多高的。所以，即便ChatGPT的绘画是一种创造，也不能算是一种高价值的创造。

我们要多做有创造性的工作，并且要明白，是我们使用机器，而不是让机器来驾驭我们。

无论人工智能有多么智能，它始终是机器。我们正确使用它，它就能方便我们的生活和工作，让我们如虎添翼。即便它是个巨人，我们也能站在它的肩膀上，借助它的力量变得更强大，它是无法战胜我们的。

ChatGPT未来的美好猜想

我们知道ChatGPT未来发展的趋势是怎样的，那么，它具体可能会给我们带来哪些美好的场景，让我们在哪些方面变得更加方便快捷和现代化呢？只要我们的想象力够强，我们就可以将 ChatGPT 融入各个行业当中，让它成为行业进化的一个催化剂。

1. 高水平人机对话是大势所趋

人类对于机器人的猜想从未停止过，在各种各样的科幻作品中，有关机器人的描述都十分令人向往。机器人不但拥有和人类一样的智力，而且拥有比人类强大得多的机械身体。不过，这些需要材料来实现的特点我们暂且不去考虑，现在主要想一下，未来的人机对话会是怎样的。

现在我们和 ChatGPT 的交流就已经和真人差不多了。未来，我们和人工智能对话的方式将会更加方便，将是一种很高水平的对话。就像游戏和电影中的虚拟机器人一样，我们完全可以将它当作一个真人，进行和真人交流一样的交流。

其实，人机对话如果能够做到像人与人之间对话那样，就已经非常令人满意了，也会十分方便。那时，我们回到家就可以和人工智能对话交流，就像和朋友聊天一样：我们的事情它完全知道，我们说什么它都可以马上理解，交流起来一点儿都不费力。

在《钢铁侠》系列电影当中，钢铁侠的人工智能助手就是个非常惹人喜爱的形象，相信看过该系列电影的人都会对它有比较深的印象。这样的助手谁都想要有一个，那样在工作中就能够非常省心省力了。

还有一种情况可能是我们很少去想的，就是人机对话的方式有没有可能超越语言，采用意识进行交流呢？虽然这听起来比较玄幻，但也不是不可能。

如果我们在未来可以通过想法就实现和人工智能机器人的沟通，那将比语言更方便快捷。不过，在日常生活当中，最好还是使用语言来沟通，因为将芯片和身体链接，或许会对身体产生不利的影响。而且对于具体的链接方式，我们也无法预知，或许是在身体里植入芯片，或许是戴上一个特制的头盔。

我们对未来可以进行无限的畅想，无论能不能实现，但有一点可以肯定，那就是未来的人机对话将会是高水平的，至少水平比现在要高。

2. 知识割裂将被打通

我们现在学到的知识，很多是割裂的。如果将整体的知识比作一张大网，那么我们所学到的知识就是一个网眼；如果将整体的知识比作一个沙漠，我们所学到的知识就是一颗沙子。

我们现在看短视频比较多，因此看到的很多内容都是碎片化的。如果我们不能将这些碎片化的内容编织起来，将它们组合到一起，那么我们所学到的内容就都是割裂的。

再往深处想一下，即便是一本书，我们也很难一口气把它看完。实际上我们学习到的内容，一直属于一种"碎片"。

想要将这些碎片组合成整个的知识，我们要有好的组织能力，要先碎片化地学习，再系统地将它们串联起来。

ChatGPT 能够帮我们将这些割裂的知识打通。当我们询问它一些问题时，它可以将在数据库中搜索到的所有内容展现出来。我们可以要求它进行归纳总结，让它列出提纲，以方便我们阅读、理解和记忆。

ChatGPT 就像一个无所不知的老师，我们随时可以向它提出问题，而它的答案是系统而全面的，又是经过整理的，能够方便我们学习。我们身边多了一位这样的老师，可以随时提问、随时学习，不用担心只看到了知识的碎片而无法联系到相关的知识。

3. 无人驾驶迎来"全无人"时代

现在的无人驾驶技术还不是很成熟，还有很长的一段路要走。ChatGPT 能够改善无人驾驶的现状，让无人驾驶变得更加智能和安全。

有人认为，无人驾驶只有在 ChatGPT 的帮助下才能真正实现。不过，现在我们将 ChatGPT 和自动驾驶结合起来的，仅仅是它的语音对话功能，它让我们在和 AI 对话时变得更像在和一个人对话，而不再是一问一答式的明显的机器对话模式。

ChatGPT 要真正实现和汽车自动驾驶功能的结合，有两个绕不开的问题：一个是需要更强的算力来保证运算的问题，这就要求汽车的芯片有更强的运算功能。另一个是解决通信传输处理的不均等性问题。现在这两个问题在技术上并没有被有效解决，急需技术创新和突破。

汽车的无人驾驶短时间内是很难实现的，但在未来，它应该会实现，并且也会利用 ChatGPT 的技术。技术创新和突破看起来很难，但有时也会突然实现，我们期待那一天早点到来。

现在，我们对无人驾驶的"全无人"时代进行畅想，它会是怎样的呢？我们现在有无人超市：没有人看管，顾客自己拿东西，自己结账。而以后的无人驾驶可能会是这样：我们出门打的车、坐的公交、乘的地铁、坐的火车、坐的飞机都有可能是无人驾驶的状态，里面没有驾驶员，我们上去之后，它自己就带我们去我们想去的地方了。

如果真是这样，也就不会再有驾驶员疲劳驾驶的情况发生了。如果将所有的交通工具都连接到同一个大数据当中，由 AI 进行整体的交通指挥，那么交通会变得更加通畅且更加安全。因为 AI 掌控了整个交通网络的信息，走什么样的路线更合理，路上什么时候快一点、什么时候慢一点，走哪一条路更快，它都会非常清楚，都会有合理的安排。

AI 是不需要休息的，所以交通工具可以 24 小时运营，我们随时可以打到车，这会更加方便。不需要人来开车，自然就减少了人工费用，乘坐交通工具的价格也会变得比现在便宜得多。

4. 搜索 3.0 的时代不再遥远

我们的搜索目前已经经历了两个时代。

搜索 1.0 时代是以门户网站搜索为主的时代。

搜索 2.0 时代是随着各种视频平台的兴起，用户在各视频平台的搜索量猛增，甚至超越了传统门户网站的时代，是我们正身处的时代。

搜索 3.0 时代会是怎样的呢？ChatGPT 的出现让我们看到了这个问题的答案，它应该是人们使用人工智能进行搜索的时代。我们不需要再去门户网站，也不需要去视频平台，想要搜什么直接和人工智能说，它就会帮我们搜索，一站式解决所有搜索问题。它不但使用起来很方便，而且还会帮我们筛选信息，让我们不用再十分费力地盯着屏幕上杂乱的信息左挑右拣。

ChatGPT 一面世，就使谷歌产生了巨大的危机感，这正是源于它作为一个老牌搜索巨头的敏锐嗅觉。这也从侧面说明，ChatGPT 将会给我们开启一个全新的搜索时代。

我们现在搜索内容，要在这个平台搜一下，又要去那个平台搜一下，还可能忘记了某个平台，最后想起来还要去搜一下。整个过程十分烦琐，而且还不一定能够搜到自己想要的内容。搜索本应该是一件很简单的事情，结果却变得非常复杂，一点儿都不人性化，一点儿都不智能。

相信 ChatGPT 将带来一场搜索的革命，将那些烦人的搜索方式统一成一种，让那些让人眼花缭乱的广告从搜索信息中消失不见。我们要什么，它就直接给我们什么。没有套路，不用游走于各个平台，信息被全都打通，一查就能查到，就是这么简单。

与ChatGPT相关产业的未来前景

ChatGPT 的发展会带动很多相关产业的发展，在未来的很长一段时间内，这些产业将迎来发展的春天。

1. GPU 需求激增，成为创富新赛道

ChatGPT 需要大量的算力，而图形处理器（Graphics Processing Unit，GPU）正是提供算力的主要力量之一。在 ChatGPT 的带动下，人工智能竞赛火热展开，每家公司都需要 GPU 来提升自己的算力，导致 GPU 的需求量大幅增加。

ChatGPT 对 GPU 的需求量很大，仅 OpenAI 公司对 GPU 的需求，目前就已经达到了 2.5 万个。如果加上其他公司在这条赛道上的投资，那数量就更多了。

国际芯片巨头英伟达公司在这次浪潮中可以说是赚得盆满钵满，为了将 GPU 卖得更好，英伟达还推出了 ChatGPT 专用 GPU，据说其推理速度提升了 10 倍。据估算，随着 ChatGPT 热潮的不断持续，在 12 个月内，英伟达的销售额可能会达到 30 亿～ 110 亿美元。不仅是销售额的增长，英伟达的股价也已经在短短几个月的时间里增长了 80%。

ChatGPT 会在未来持续火热，在各个领域都将有用武之地，GPU 也会因此成为一个长期需求量比较大的产品。现在在这方面持续发力，未来就有可能会感谢自己今天的坚持与努力。

2. ChatGPT 点燃算力与芯片市场

芯片本身就是一种高端的技术，长期被一些大的公司垄断。ChatGPT 的火热将算力与芯片市场再次点燃，让芯片变得更加值钱起来。

现在的 ChatGPT 使用的主要是电脑端的芯片，如果 ChatGPT 继续发展，各种各样的芯片都会被需要。ChatGPT 对芯片的能力提出了新的要求，要求芯片具备强大的算力，质量不够好的芯片是不行的。

OpenAI 公司曾因为算力不足的问题，在大量的访问下出现宕机的情况。公司不得不在官网发表声明，称：许多人在最近一小时内蜂拥到我们的网站，但我们的网络资源是有限的，我们将及时为您提供访问 ChatGPT 的机会，在此之前我们向您告别，祝您好运。

算力可以说是 ChatGPT 的"发动机"，当很多人同时坐上这辆"车"时，如果"发动机"不够强大，那么它就会"熄火"。

在 ChatGPT 的刺激下，芯片市场应该会迎来一波大的发展。在发展当中，自然会存在激烈的竞争。有人预测，2025 年，我国的 AI 芯片市场规模将会达到 1780 亿元。在 ChatGPT 热潮的不断推动下，芯片的需求和价格都将迎来快速增长。

3. 大数据中心需求猛增

大数据的概念在近些年一直很火，我们对其并不会感到陌生。ChatGPT 将大数据充分利用了起来，让它成了一个能够进行训练的参数，再加上算法和算力，就形成了现在我们看到的这个聪明的人工智能。

ChatGPT 对于数据的需求是巨大的，从 GPT-1 到现在，它的数据库增长了非常大的倍数，呈数量级增长的状态。现在，不仅 OpenAI 公司在发展 ChatGPT，各个巨头公司也在发展 ChatGPT，其对于大数据中心的需求自然也在猛增。

如果 ChatGPT 继续进行技术升级，它对于数据的需求应该会更高。OpenAI 公司在公布 GPT-4 技术时并没有说明自己的数据库目前有多大的参数量，并表示未来会尽量减少对数据量的需求。我们无法判断它所说的是由于真实的需求，还是由于继续扩展数据要消耗大量资金，公司没有办法维持这么庞大的开支才不得不放弃。

无论 OpenAI 公司出于哪种原因说的这句话，在其他公司发展 ChatGPT 技术时，其都需要大数据中心的支持。而在提升 ChatGPT 技术的同时，也需要对大数据中心的数据量进行相应的提升。这种量的提升和当初的 OpenAI 公司一样，都是数量级的提升，那将是一个非常大的市场。

除了各个巨头公司，当 ChatGPT 进一步发展，开始在各个领域遍地开花时，小公司也会发展 ChatGPT 技术，也需要大数据中心。如果我们做大数据中心，不仅现在会很有市场，将来也会长期拥有很好的市场。

需要注意的是，我们要能够保证数据的安全，数据安全才是用户信赖的基础。当我们能够保证数据安全时，我们的大数据中心就有了长期发展的可能。